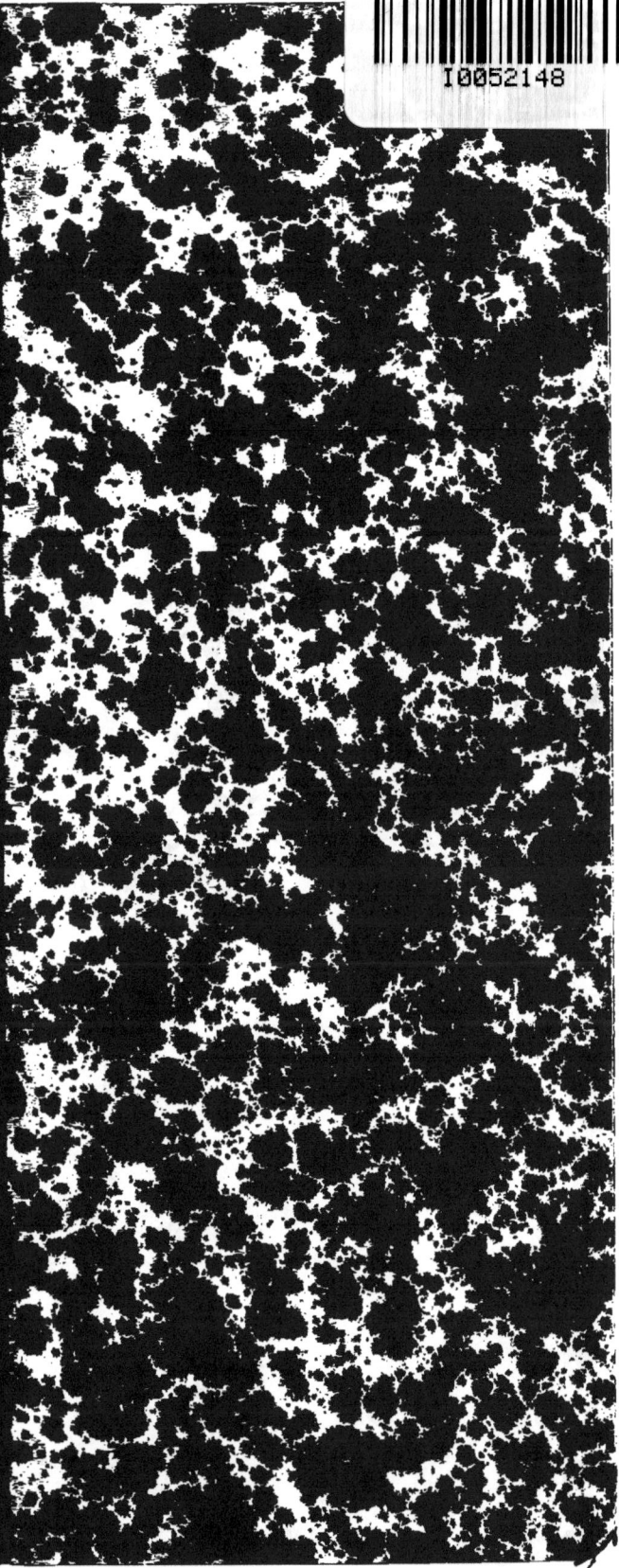

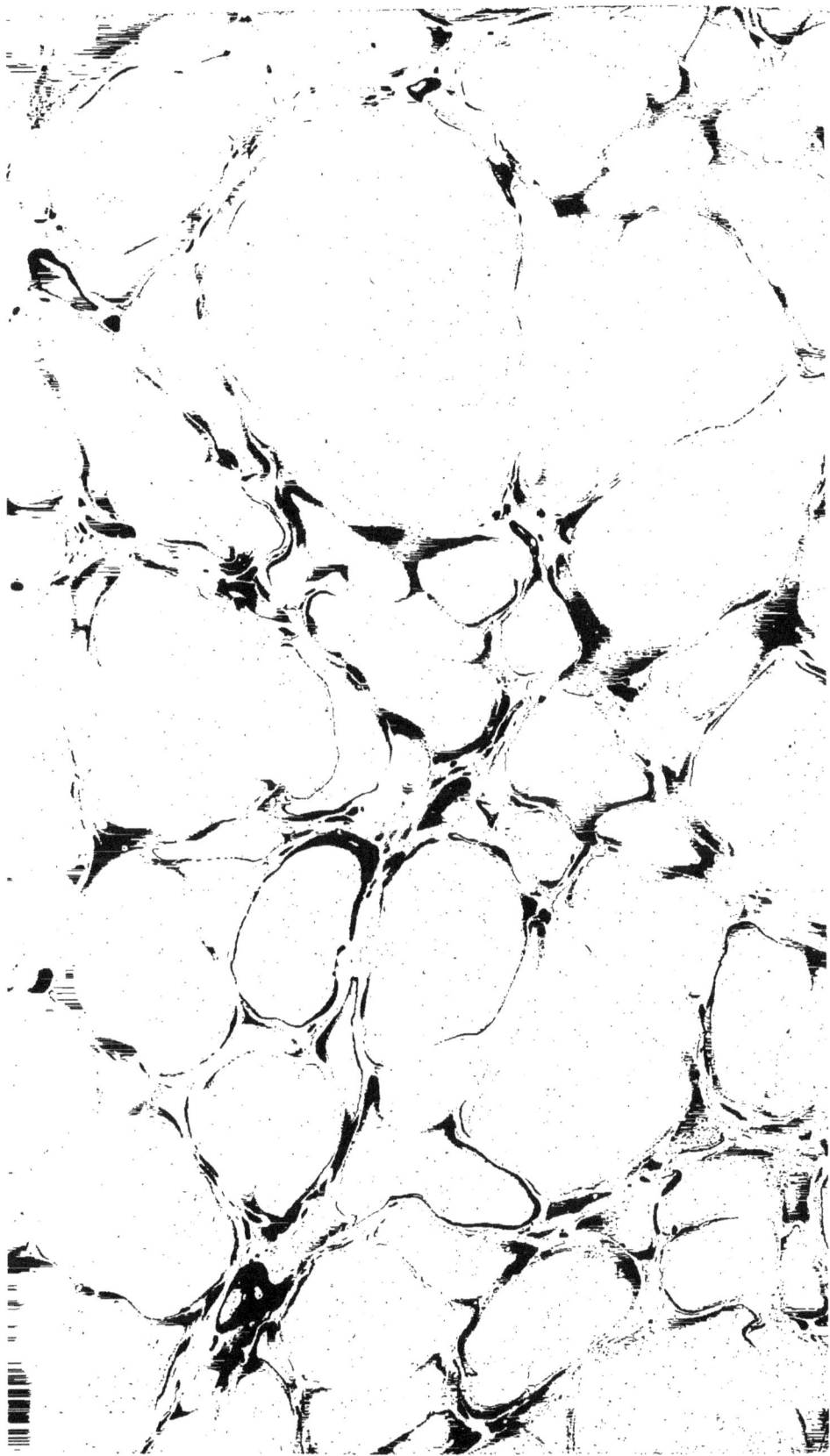

A.GRESLE 1965

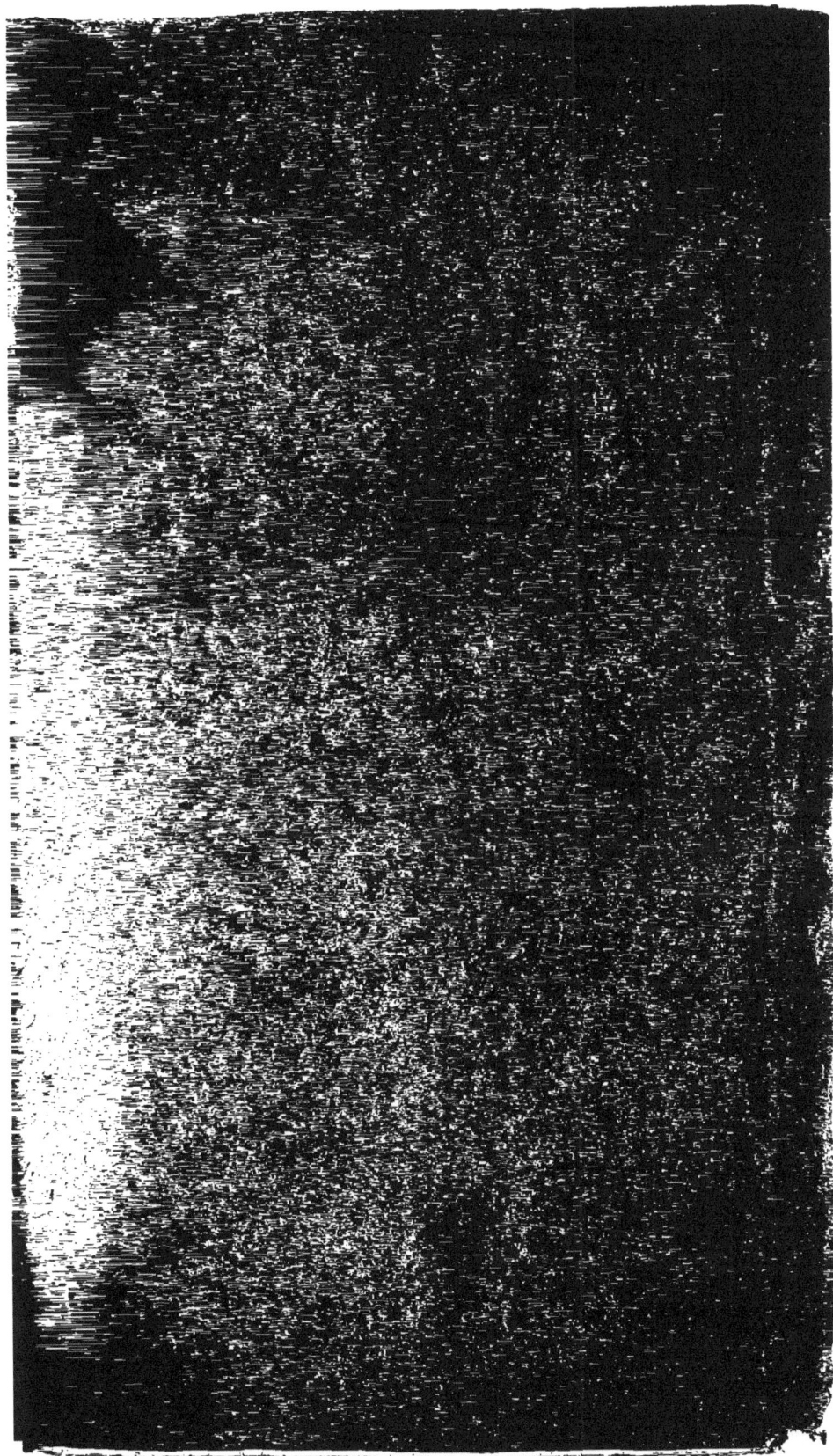

SE TROUVE :

A PAU, chez Vignancour, avocat, imprimeur du Roi ; et chez Dartiguenave, membre de l'Académie d'Écriture de Paris, Professeur au Collége Royal, et maître de pension.

A PARIS, chez Arthus-Bertrand, Libraire, rue Haute-Feuille, n.º 23.

NOUVEAUX MÉMOIRES

POUR SERVIR

A L'HISTOIRE NATURELLE

DES PYRÉNÉES

ET DES PAYS ADJACENTS,

Par M. PALASSOU, correspondant de l'Académie royale des
Sciences de Paris, de la Société Philomatique de Bordeaux, de l'Académie royale des Sciences, Inscriptions
et Belles-Lettres de Toulouse, de la Société Linnéenne
d'émulation de Bordeaux, de l'Académie royale de Mé-
decine et des Sciences naturelles de Madrid, membre
honoraire de la Société Linnéenne de Paris, etc.

A PAU,

DE L'IMPRIMERIE DE VIGNANCOUR, IMPRIMEUR DU ROI.

NOVEMBRE 1823.

Convaincu de l'utilité des cartes géographi=
ques pour l'intelligence de mes mémoires, j'aurais désiré mettre sous les yeux du lecteur la
partie des Pyrénées où j'ai fait mes observations ;
mais résidant dans un pays dépourvu de graveurs
en ce genre, je l'invite à consulter les cartes de
l'observatoire, ou de mon essai sur la minéralo=
gie des Monts Pyrénées.

AVERTISSEMENT.

J'AI déjà trouvé l'occasion de dire que le mauvais état de ma santé, la faiblesse extrême de ma vue et mon âge avancé, ne me permettaient point de me livrer à des recherches relatives à l'histoire naturelle ; les mêmes motifs offrant chaque jour de nouveaux obstacles à mon goût pour cette science, j'ai consacré, dans cette fâcheuse circonstance, quelques-uns de mes loisirs à revoir des observations dont je n'ai point encore fait usage : et comme parmi les nombreuses notes qui les contiennent, il serait peut-être possible de trouver quelques faits capables d'intéresser les curieux de la nature ; il m'a paru convenable d'en dresser des mémoires et de leur en faire hommage ; j'ose espérer qu'ils daigneront les accueillir avec leur indulgence accoutumée.

MÉMOIRE

SUR

UNE BANDE CALCAIRE,

QUI SE PROLONGE AU PIED DES PYRÉNÉES,

DES BORDS DE L'OCÉAN ATLANTIQUE,

VERS LA MER MÉDITERRANÉE.

I.

J'ai maintes fois parlé de cette bande remarquable
et composée d'une roche désignée vulgairement
sous la dénomination de pierre de *liais* ; mais les
observations que j'ai publiées par rapport à sa formation singulière, ne présentant aucune suite, il
m'a paru convenable de les réunir dans ce mémoire, qui contient en outre des particularités
qui m'étaient inconnues jusqu'à ce jour.

On sait que cette bande est contiguë, parallèle
au revers septentrional des Pyrénées, et que ses
couches inclinées forment, en quelque sorte, un
de ses premiers échelons ; mais sans se mêler ordinairement avec les marbres et les matières argileuses ou granitiques qui composent cette grande
chaîne de montagnes : elle les sépare de la forma=
tion d'une roche calcaire plus récente et moins
dure, qui se montre en lits horizontalement dis-
posés dans les landes de Bordeaux et les terrains
adjacents. La couleur de cette pierre est ordinairement blanche, et sa texture compacte ; elle
prend un poli grossier. M. Boué, savant obser-

vateur, dit que les calcaires blancs, compactes, non tachans, montrent évidemment qu'ils sont le produit des coquillages brisés et accumulés ensemble. *Journal de Physique.* Septemb. 1822, p. 174.

Enfin, cette bande pierreuse, ainsi que j'ai déjà trouvé l'occasion de le dire, semble avoir été créée à dessin pour servir de limites aux différentes roches dont la partie septentrionale des Pyrénées est composée ; et pour rendre ces mêmes bornes plus remerquables, on serait disposé à croire que la nature leur a donné la couleur blanche qui les distingue. Cette couleur contraste parfaitement avec celle des rochers calcaires des Pyrénées qui est grise et qu'on sait être la dominante.

Sa direction est du N. N. O. au S. S. E. dans les carrières de Montfort, ainsi que près des fours à chaux de Jasses ; et de l'O. N. O. à l'E. S. E. sur le territoire de Lasseube, de Gan, de Nay, de Coarraze ; l'inclinaison approche souvent de la verticale.

La roche dont il est ici question, est moins blanche près de l'Océan que dans les autres parties de cette bande qui commence aux environs de Saint-Jean-de-Luz, ville que l'Océan-Atlantique a menacé plus d'une fois de submerger, en s'ouvrant un passage dans la digue élevée pour s'opposer à la fureur des vagues qui, par un mouvement général de l'O. à l'E, se répandent dans les terres ; irruption dont on a ressenti principalement les effets désastreux dans les fières tempêtes de 1777, de 1817, de 1822 et de 1823. Mais aucune n'a causé de plus grands malheurs que celle dont le *Mémorial Béarnais* du 15 mai 1822, donne connaissance : « La mer, est-il dit, » vient de faire de nouveaux ravages à la digue

» de Saint-Jean-de-Luz; au moment où l'on fi-
» nissait, pour ainsi dire, des travaux impor-
» tans qui semblaient défier les chocs les plus vio-
» lens, dans les journées des 26 et 27 avril, la
» mer fut si horrible, que les vagues ébranlèrent
» la digue sur les trois points différens. On dit
» que l'une des brèches a une largeur de trente
» pas, les deux autres de vingt. Il paraît qu'elle
» a été minée par sa base. Des observateurs pré-
» tendent que la mer a fait, depuis peu d'années,
» de grands progrès dans les terres. Il est à
» craindre que tous ces événemens ne démon-
» trent l'inutilité de tous ces moyens pour garan-
» tir cette ville d'être ensevelie sous les eaux.

La tempête de 1777, occasionna les mêmes dégats. La mer rompit la digue élevée pour la défendre contre les vagues : cet ouvrage fut réparé;
mais la curiosité m'ayant conduit dans cette célèbre et malheureuse ville, j'osai prévoir et dire
dans mon essai sur la minéralogie des monts Pyrénées, qu'il n'était pas vraisemblable que cette
nouvelle digue pût résister contre les attaques
continuelles de la mer, qui s'avance insensiblement vers Saint-Jean-de-Luz.

Si nous portons les recherches du côté de l'E.,
nous trouverons des couches de cette même espèce de roche calcaire, qui forment les carrières
de Bidache, d'Orriule, de Làas, de Montfort;
ces trois dernières communes sont situées entre
Sauveterre et Navarrenx.

La pierre de liais n'est point susceptible du
même poli que les pierres calcaires des Pyrénées;
elle est néanmoins employée pour des croisées
des chambranles de cheminées, pour des balus-
tres, des entrelas et des façades. Cette pierre

sert aussi à la sculpture, comme on peut le voir dans différens morceaux du château de Pau.

Avant de continuer cette description, je pense qu'on n'apprendra point sans en être étonné, que les bancs de pierre de liais, dont nous suivons la direction, alternent avec des couches non interrompues de silex, depuis les bords de l'Océan jusqu'à Bidache, où l'on observe la même formation.

Quoiqu'une journée de marche suffise pour se rendre de mon habitation d'Ogenne à ce lieu remarquable, je n'ai jamais eu le loisir d'aller visiter les belles carrières de pierres de liais, situées sur le territoire de cette ancienne souveraineté, et dans lesquelles on trouve des impressions de plantes marines.

La même bande remarquable en général par une blancheur que rien n'altère, qui semble avoir été tracée au cordeau, continue à se diriger, sans désordre, vers les communes de Jasses, de Dognen, de Lay, de Luc, de Hajet, de Lassenbe, de Gan, de Boscdarros, etc. On la retrouve dans les carrières de Nay, ainsi que sous le pont et le château de Coarraze, lieu embelli par le cours du Gave, mais qui se fait redouter par son inconstance. Au reste, il n'est pas inutile de faire observer que dans les coteaux contigus du côté du nord à ces matières calcaires, on trouve au territoire de Boeil, commune située sur la rive droite du Gave Béarnais, des pierres calcaires, renfermant des corps marins, qui doivent être rangés parmi les camites et les musculites.

On rencontre la même pierre calcaire de liais sur le territoire de Montgaillard, à la rive droite de l'Adour, à l'Escaladiu où elle traverse Laroux.

Dans tous ces divers gissemens, la même pierre de carbonate de chaux se montre disposée avec une telle régularité, qu'on en distingue facilement les grandes assises toujours inclinées.

La pierre de liais se trouve encore du côté de Saint=Martory; elle y forme les rives de la Garonne, et ces divers lieux sont également remarquables par de nombreuses carrières et beaucoup de fours où l'on fait de bonne chaux, qualité qui doit particulièrement être attribuée à la dureté de cette pierre.

J'ai dit ailleurs que ces matières calcaires n'avaient point échappé à l'attention de M. Brochin, ingénieur des mines, qui s'exprime de la manière suivante : « Les montagnes, auprès de St-Martory, renferment des bancs de pierre calcaire (chaux carbonatée compacte) blanche, d'une pâte très=fine et homogène..... Ces bancs s'étendent dans la direction du S. E. au N. O. et sont couverts au S. O. par des bancs de grès siliceux. *Journal des Mines*, n.° 144.

Il ne sera pas inutile de faire observer qu'on rencontre cette dernière roche dans presque toutes les parties latérales de la bande calcaire que nous suivons, et qu'à Saint=Martory, comme ailleurs, la chaux carbonatée blanche s'emploie dans les constructions.

Il est vraisemblable que la même bande calcaire traverse l'Ariège au pays de Foix; mais je n'ose pas assurer qu'elle se prolonge précisément jusqu'aux bords de la mer Méditerranée, ne me rappelant point de l'avoir observée entre Narbonne et Salces. M. de Gensanne, auquel on est redevable de la description des Corbières, ne cite que des pierres calcaires de la nature du marbre et des matières marneuses : il paraît seulement certain que partout elle est parallèle à la chaîne des Pyrénées, comme pour en former les limites du côté du nord, et qu'elle s'étend également au loin.

II.

Les vestiges de bitume, épars et nombreux, qui se montrent principalement aux deux extrémités de cette bande limitrophe des Pyrénées, servent à confirmer la continuité de son existence : plusieurs faits justificatifs ont été déjà rapportés à ce sujet dans les mémoires que j'ai publiés en 1815.

En effet, nous avons vu, en portant successivement nos recherches de l'O. à l'E., une mine de houille à Saint-Lon, des bitumes à Gaujac, à Bastene, à Caupenne, dans le département des Landes. Nous avons observé que celui des Basses-Pyrénées renfermait de la houille aux environs d'Orthez ; que des indications de houille et d'autres substances combustibles se faisaient pareillement remarquer à la forêt de Montbrun, dans le département de la Haute-Garonne, à la paroisse du Boulou, au N. O. de Campragnac, au sud de Varilles.

M. le baron Picot de Lapeyrouse, nous apprend que derrière le Pech de Foix et presque du pied de la montagne de Tabe, s'étend vers le Languedoc jusques au-delà de la Roque-Dormes, une région calcaire qui abonde en corps marins, et qu'on y trouve aussi quelques petites veines de houille et des amas de bois charbonnifié, qu'il est encore facile de reconnaître pour hêtre. *Fragmens de la minéralogie des Pyrénées*, p. 9.

Enfin, on trouve des bitumes au département

de l'Aude; mais dans toute cette longue bande
de terrain, les veines de houille des Corbières,
sont les seules que l'on exploite.

Qu'il me soit permis de présenter quelques
autres faits qui semblent propres à donner encore beaucoup de vraisemblance à cette régulière
formation, qui paraît avoir eu lieu dans une seule
et même époque.

La difficulté de porter les recherches au-dessous de la surface de la terre, ne permet point,
il est vrai, d'en découvrir les indices sur toute
l'étendue de là ligne minéralogique dont il est ici
question; mais si l'on en observe avec attention
les deux extrémités, on aura sujet de présumer
qu'elles en sont dépendantes, quoique les
points intermédiaires ne soient pas parfaitement
connus ; examinons leurs intéressans rapports
dans les parties occidentales et orientales de cette
bande de terrain.

1.° Les environs de Bayonne abondent en corps
marins, fossiles. M. Thore, docteur médecin à
Dax, et savant naturaliste, a remarqué que non
loin de l'embouchure de l'Adour, on trouve fréquemment sur la rive droite de cette rivière, les
marnières de Saint-Géours, riches en fossiles et
des falumières très-curieuses à Saint-Jean de
Marsac. On trouve aussi des dépouilles de corps
marins à Saint-Martin de Seignaux, à Sainte-
Marie et dans les rochers, dont certaines parties du rivage sont hérissées, entre Bidard et
Bayonne.

Je ne peux m'éloigner des environs de cette
ville sans faire mention de la prise d'un gros Cachalot entré dans la rivière de l'Adour le 1.er avril
1741, et harponné le même jour au port de la

Honce, à une lieue de la porte de Mousserolle. *Voyez les mémoires de l'Académie des sciences,* année 1741.

La connaissance de la prise de ce monstrueux poisson, qu'on regarde comme une espèce de Baleine, nous conduit naturellement à faire ob= server que le savant naturaliste M. Borda d'Oro, a trouvé dans les terres des environs de Dax, des ossemens énormes de Cachalot : avaient=ils été entraînés dans ces parages par quelque révo- lution physique, ou faut=il les envisager comme les dépouilles des Cachalots qui habitaient an= ciennement la partie de la mer dont les terrains de la Chalosse étaient couverts ? C'est une ques= tion que je n'entreprendrai pas de résoudre. Si l'on pénétrait plus au nord du côté des Landes, on trouverait dans les rives escarpées de l'Estam- pon à Roquefort, des ossemens dont la grosseur de quelques=uns est prodigieuse.

Je dirai, en outre, à l'occasion de ces obser- vations relatives à l'histoire naturelle des environs de Bayonne, qu'il serait à désirer que quelque sa- vant donnât des renseignemens positifs sur l'exis- tence d'un monstre que la tradition vulgaire ac= compagne de détails qui paraissent fabuleux : il en est fait mention dans la chronique de Bayonne, par M. Bertrand Campagne, qui s'exprime de la manière suivante, en parlant d'Antoine de Bel= zunce, maire de Bayonne en 1372 :

« Ce gentilhomme, dit-il, sortait de la maison
» de Belzunce, en Basse=Navarre, pays d'Arbe=
» roue : ses aïeux portaient la qualité de vicomte
» depuis 500 ans, et dans leurs armes un dragon
» à trois têtes, parce qu'un fils de cette famille
» combattit et tua un dragon à trois têtes et qui

» était d'une horrible grandeur, qui dévorait,
» aux environs de Bayonne, les hommes et bes-
» tiaux. Le grand effort qu'il prit en combattant
» lui ôta la vie : il gît en la chapelle de Belzunce,
» dans l'église des pères prêcheurs aux Jacobins
» de Bayonne. Cette maison de Belzunce possède
» en récompense, la dîme de la paroisse de Saint-
» Pierre d'Iruby, où ce monstre fut tué ».
Mat. chronique de la ville de Bayonne.

Ce qu'on vient de lire dans les journaux semblerait pouvoir faire présumer que le monstre qui
fut tué par Antoine de Belzunce, était un Crocodile, auquel la tradition donna trois têtes.

Voici ce qu'on écrit de Montluel, département
de l'Ain, le 6 juin 1823 :

Depuis quelques jours l'apparition d'une espèce de monstre amphibie, qui aurait sa retraite
dans le Rhône, a jeté l'alarme dans nos environs.
Dans cette circonstance, comme dans toutes celles semblables, l'exagération ne manque jamais
de grossir les objets; cependant on assure que M.
Blanc, lieutenant de la Louveterie, a rendu compte à l'autorité de cette apparition, et qu'il pense
que le prétendu monstre n'est autre chose qu'un
énorme serpent, ou, dit=il, un Crocodile. Mais
comment croire qu'un Crocodile ait remonté les
eaux du Rhône ? Celui exposé au cabinet d'histoire naturelle de l'école royale vétérinaire de
Lyon, et pêché dans le Rhône, vis-à-vis la Cha-
rité, est cependant une preuve que cet amphibie
peut exister dans les eaux du Rhône. M. Blanc a,
au surplus, fait toutes les dispositions nécessaires
pour surprendre et détruire cet objet de la terreur du pays. *Voyez l'Echo du Midi* du 16 juin
1823.

Il n'est pas inutile d'observer que la commune de Saint-Pierre d'Iruby, dans laquelle Antoine de Belzunce tua le prétendu dragon à trois têtes, est près de l'Adour sur la rive gauche de ce fleuve.

Le Crocodile est un amphibie qui fait des œufs de la grosseur de ceux des oies, et qui éclosent à l'ardeur du soleil. Le Nil dans l'Égypte, le Niger en Afrique, le Gange dans les Indes, sont des fleuves où il y a des Crocodiles. On met quelque différence entre les Crocodiles de ces pays et ceux de l'Amérique, nommés Caïmans.

Mais continuons nos recherches du côté de l'Orient.

2.º On trouve à Sordes des roches composées de lenticulaires.

3.º Les bitumes de Caupenne contiennent des coquillages fossiles. Tous les amis des sciences connaissent le beau cabinet de M. de Borda d'Oro, que la ville de Dax, qui en a fait l'acquisition, se glorifie de posséder, en même-tems qu'elle s'honore d'avoir donné naissance à ce savant naturaliste, qui a répandu le goût des sciences dans cette antique cité. Ce cabinet est remarquable par la prodigieuse quantité de corps marins qu'il a trouvés dans les terres situées aux environs de Dax, et principalement dans la Chalosse.

Avant de suivre plus loin vers l'E. cette longue et large bande, composée de couches marneuses et de pierre de liais très-blanche, on n'apprendra certainement qu'avec une extrême surprise, que depuis les coteaux contigus à Sordes, je n'ai trouvé qu'un très-petit fragment de coquilles dans les nombreuses carrières que j'ai visitées : il était au milieu des bancs de la carrière située à côté de la grande route de Navarrenx à Pau, et du chemin par lequel on descend dans la commune de Lay. Le fragment coquillier, dont il est ici question, était du genre des visses.

I I I.

Mais des roches calcaires moins dures, contiguës du côté du nord à la carrière de Lay, sont presqu'entièrement composées de lenticulaires et d'autres espèces de petites coquilles. Une haute colline qu'on nomme Montgrand et qui s'élève au N. N. O près de l'église d'Ogenne et de mon habitation, présente le même genre de formation, que M. Boué, savant naturaliste qui, pendant l'été de 1822, me fit l'honneur de passer chez moi, se montra curieux d'examiner; et quoique les momens qu'il employa pour s'occuper de cet objet fussent bien courts, je ne doute pas qu'il ne parvînt à faire quelques observations intéressantes qui, peut-être auraient échappé à mon attention.

L'ouvrage immense des êtres organisés dont je viens de parler, et qui, par leur singulière réunion, forment des masses pierreuses très-étendues pourrait étonner, si les polipes n'offraient de plus grandes merveilles; on n'ignore pas que ces individus ont le plus d'influence pour constituer la croûte extérieure du globe terrestre dans l'état où nous la voyons. Si l'on poursuivait les recherches vers Orthez, on trouverait des cérites très-bien conservées aux environs de cette ville.

Je ne peux quitter le territoire de Lay, sans faire observer auparavant qu'au sud=est, non loin de cette commune, on remarque sur un coteau qui domine celle de Lamidon, des productions naturelles trop curieuses, pour ne pas fixer aussi l'attention des minéralogistes. Elles consistent en

petites boules, composées d'un grès argileux et
jaunâtre, dont quelques-unes étincellent au bri-
quet.

Ces boules présentent différentes dimensions ;
les unes ont un pouce de diamètre, les autres
moins ; il en est même qui ne sont que de la grosseur d'une bale de fusil.

Ces particularités font présumer à quelques
personnes qu'elles étaient employées anciennement dans l'artillerie ; et cette conjecture leur paraît d'autant plus vraisemblable, que ces boules
se trouvent non loin de deux anciens camps retranchés.

Cette sorte de boules ayant excité ma curiosité,
j'en ai cassé plusieurs ; et à ma très=grande surprise, j'ai trouvé au centre de chacune d'elles,
un noyau pyriteux (fer sulfuré), dont la cris-
tallisation est très=confuse. La circonférence de
ce corps rond et singulier, consiste en une croûte
de grès jaunâtre, ayant environ une ligne de largeur, ce qui semble dépendre de la décomposition plus ou moins grande du noyau pyriteux.

Le coteau sur lequel on trouve ces boules épar-
ses est composé, dans la partie inférieure, de couches calcaires et marneuses, surmontées de matières composées d'argile, de gravier et de grès :
la propriété de ce terrain appartient au sieur Si-
mon Paillassa, de Lamidon, et c'est dans les
champs dépendans de son habitation, qu'on trouve ces productions singulières, qui ne sont pas
très=communes, et dont l'origine est incertaine.
Ont=elles pris cette forme en roulant avec les
eaux, ou bien est=ce un jeu de la nature ?

La dernière explication paraîtrait d'autant plus
vraisemblable, que la partie la plusélevée des ter-

rains, dont je fais ici mention, consiste en matières graveleuses, sableuses, parmi lesquelles
on trouve quelquefois des cailloux gris, ronds,
de la nature du grès quartreux : ces cailloux va-
rient dans leur grosseur. Quelques-uns ressemblent à des œufs de poule ou de perdrix pétrifiés.

Ceux qui ne voient que désordre et confusion
dans les ouvrages de la nature, devraient visiter les
environs de Navarrenx. Les rives très-escarpées
du Gave offriraient à leurs yeux, dans la disposition des couches qui traversent cette rivière, un
ordre dont on ne peut s'empêcher d'admirer la régularité ; j'espère qu'on ne sera point fâché d'en
trouver ici des exemples.

Un peu au-dessous du moulin de Navarrenx, il
y a des bancs presque entièrement verticaux
d'une pierre calcaire, grise, compacte, qui se
dirigent du N. O. au S. E., et dont la faible inclinaison est du N. E. au S. O. ; ces bancs ont environ un demi-pied de largeur. Ils renferment des
couches moins épaisses d'une espèce de marne et
de molasse. Ces différentes matières contiennent
de très-petites lames de mica. Ces couches et
bancs forment dans leur direction des lignes tellement droites, qu'elles semblent tracées au cordeau ; et ce qu'il y a d'extraordinaire, c'est que
ces couches ou bancs sont si distincts que les matières dont ils sont composés, ne paraissent nulle
part confondues. Cependant elles participent au
point de contact de la nature des deux substances.
Les bancs ou couches dont il est ici question, traversent obliquement le lit du Gave ; on les trouve
sur les deux rives opposées.

Au tour du même moulin de Navarrenx, les
couches de marne, qui alternent avec des couches

2

de molasse, sont pareillement dans la direction du
N. O. au S. E.; leur inclinaison varie. Il y a des
couches qui sont inclinées du N. O. au S. E.; d'autres du N. E. au S. O., quelques-unes sont verticales; des couches de marne et de molasse pareillement jaunâtres comme les précédentes, se trouvent sur la rive gauche du Gave, en montant
après le pont de Navarrenx pour aller à Oloron
Ces couches sont aussi presque verticales. Elles se
prolongent du N. O. au S. E., et sont faiblement
inclinées du N. E. au S. O.

Des couches de la même nature de marne et de
molasse très-tendre se font remarquer en traver-
sant une petite butte située entre le pont de Navarrenx et la porte d'Espagne.

Au reste, l'arrangement de toutes ces couches
semble indiquer qu'elles ont été formées dans une
mer tranquille.

Les molasses ou sables à demi-pétrifiés, dont
il est ici question, se trouvent de même, comme
je l'ai dit ailleurs, au pied des Alpes, du Dauphiné
et du côté de Genève, comme au pied des Pyrénées; mais les molasses situées au pied de ces deux
chaînes montagneuses, ne renferment point de
corps marins. M. de Saussure y a seulement observé un os fossile. Cependant M. Guettard a trouvé des coquilles dans des grès jaunes du côté
d'Orange et ailleurs.

On remarque cette même formation dans d'autres contrées; ce sont encore, dit M. Patrin, des
grès quartzeux qui forment des montagnes considérables en Provence et notamment la montagne
de la Caume au nord de Toulon. Cette énorme montagne est composée d'épaisses couches alternatives de grès et de pierres calcaires. Le même phé-

nomène s'est présenté à Saussure le long de la côte de Gênes.

Mais si l'on ne peut révoquer en doute la grande conformité qu'on remarque dans les terrains situés au pied des Pyrénées et des Alpes, on s'étonnera certainement que la nature n'ait point répandu également de matières sableuses sur la crête des Pyrénées, comme elle en a déposé sur les Alpes. Le haut d'une partie du mont Salève, dit M. Saussure, est chargé d'un sable blanc.......... Ce sable a, dans quelques endroits, plusieurs pieds de profondeur. Il paraît qu'il a été charrié par des eaux qui venaient des Alpes, et qui ont versé par dessus la montagne tout ce qui n'a pas pu s'arrêter sur son sommet. On voit ici sous ses pieds, du côté du lac de Genève, de petites montagnes appuyées contre la grande, et composées en entier de ce même sable agglutiné et converti en grès par des sucs calcaires. T. 1, p. 169.

Quoiqu'il en soit, voyons actuellement les productions des Corbières et d'autres terrains situés près de la mer Méditerranée, contrées également abondantes en dépouilles marines.

La proximité des bains de Rennes, offre une infinité de corps marins, parmi lesquels M. Ferlus, professeur d'histoire naturelle au collége de Sorèze, a découvert le madrepore lunulé. *Journal d'histoire naturelle*, n.° 12, p. 463.

M. Lemonnier rapporte qu'il aperçut sur le chemin de Bugarach des échinites, et qu'un ravin qui courait dans un banc de schiste, incliné à l'horizon, en était rempli. *Observat. d'histoire naturelle.*

M. Gensenne fait mention d'une espèce de marbre de caunes, connu sous le nom de *Cervèlas*, qui n'est autre chose, dit-il, qu'un amas de corps marins pétrifiés, du genre des Tellenites. *Hist. naturelle de Languedoc*, t. 2, p. 199.

Si l'on réfléchit à l'existence des corps marins fossiles dans les terrains situés non loin des bords de l'Océan et de la mer Méditerranée, on pourrait avoir du penchant à présumer qu'ils sont les dépôts les moins anciens de cette longue bande calcaire blanche, et qu'ils ont été successivement formés au sein des deux mers, qui, peu à peu, sembleraient, comme de concert, s'être éloignés de leurs antiques rivages.

On trouve aussi la pierre blanche de liais aux environs de Sauveterre, mais sans mélange, ni en remontant plus loin vers l'E. ; on rencontre cependant des cailloux mêlés d'étroites couches de silex dans les coteaux de Luc, qui font partie de *La Marque* ou quartier de *Luc=Viel*; mais j'ignore d'où les eaux ont pu les charrier.

I V.

Au reste, les couches de silex ne paraissent point renfermer des corps marins; elles diffèrent par conséquent des silex que j'ai vus entre Bergerac et Grignol, où l'on remarque une prodigieuse quantité de coquilles, converties en ce genre de pierre.

Comme la position alterne des couches calcaires et des silex, n'est pas très-fréquente, je dirai que je l'ai pareillement observée sous le château d'Argenton, ville dont Henri IV s'empara durant les troubles de la France, et qu'il regardait comme une brillante conquête. J'ai de même fait connaître dans mon *essai sur la minéralogie des Monts=Pyrénées*, que cette disposition alternative était très-remarquable sur les bords de la mer à Sibourre,

bourg séparé de St=Jean-de=Luz par la rivière de
Nivelle. L'arrangement de ces différentes couches
parut exciter d'autant plus de surprise , que plusieurs célèbres naturalistes prétendaient alors que
les silex ne se trouvaient dans les terres qu'en
morceaux isolés, placés néanmoins sur une même
ligne.

Ces couches forment l'enceinte qui ferme la
baie de St=Jean=de=Luz, depuis le fort de Socoa
jusqu'à la batterie de la chapelle de Ste=Barbe ,
où le maréchal de Vauban avait conçu le projet
d'établir deux moles qui , ne laissant entr'eux
qu'un passage pour les vaisseaux de tout rang,
en feraient un des plus magnifiques ports de
lOcéan. Mais ce génie extraordinaire ne prévoyait
pas vraisemblablement les difficultés qu'il trouverait pour l'exécution de son plan. Revenons à nos
objets de comparaison.

Les matières gypseuses offrent la même conformité aux deux extrémités de la parallèle minéralogique dont nous nous entretenons ; les environs de Dax sont riches en plusieurs espèces de
pierre à plâtre ; on en trouve aussi dans les communes de Ste=Marie-de=Gosse, de Caresse , de
Salies , et dans les coteaux des villages d'Ance ,
de Gan et de Sévignac.

Transportons-nous du côté de la mer Méditerranée ; nous nous convaincrons que le gypse abonde aussi dans les Corbières : M. Gensanne rapporte qu'on y trouve une quantité considérable de
carrières à plâtre. *Histoire , naturelle du Lan=
guedoc*, t. 2, p. 178.

Les matières argileuses et principalement l'o-
phite, que je range dans cette classe , composent
un grand nombre de monticules aux environs de

Bayonne, près de Dax et de Salies : cette roche est tellement décomposée dans certains endroits, qu'elle n'offre souvent qu'une pierre purement argileuse, ayant de la ressemblance avec certaines espèces de schistes, roche qu'on trouve à St-Léon, selon le rapport de M. Dietrick.

On voit aussi, non loin d'une maison qu'on nomme *Quatre=Vents*, et située sur le territoire d'Orriule, une bande de terrain composé de schiste argileux feuilleté, qui se prolonge à=peu=près de l'O. à l'E., et dont l'inclinaison variable se montre dans un certain espace du S. au N., et dans un autre du N. au S.

Ces roches schisteuses sont renfermées du côté du nord et de celui du Sud, entre des couches de la pierre calcaire, blanche, compacte, qui fait le principal sujet de ce mémoire, et dont la direction vers Salies est parallèle à celles de schistes : ce genre de formation touche du côté de l'E. à des terrains composés de matières sableuses et de couches de molasse, alternant avec des couches de marne grise : elles se prolongent toutes de l'O. à l'E., et sont inclinées du S. au N.; les molasses se présentent quelquefois sous l'aspect d'un oxide ferrugineux.

Cette composition se fait principalement remarquer aux environs de Castetbon, où le terrain ainsi que le sol adjacent, produisent de médiocres récoltes; et soit l'ajonc marin, soit la fougère, ces plantes n'offrent point la même force de végétation qu'on absèrve dans les coteaux qui bordent le Saleix et se rapprochent davantage des communes situées à l'E. de Castetbon.

Ce terrain paraît avoir une grande ressemblance avec celui qu'on observe à la partie méridionale

des Pyrénées en Catalogne. MM. Taudi et Ma-
cluré disent avoir trouvé sur la route de Cardonne,
près Montferrat, des stratifications alternatives
de pierre , de sable et poudings , avec l'argile , la
marne et la pierre calcaire , s'interposant de tems
à autre. *Journal de physique.* Mars 1808.

J'omettais pareillement de dire que le terrain
que nous venons de parcourir, est semblable à
celui de la montagne de sel de Cardonne , en Es=
pagne, composée de couches verticales qui se prolongent de l'E. S. E à l'O. N. O. , et qui ne produit,
selon M. Cordier , presqu'aucune sorte de végétaux. *Journal de physique.* Mai 1816. Ce qui
semble confirmer l'opinion d'Aristote, qui dit que
terre qui engendre le sel, n'est guère propre à
autre chose. Je suis persuadé qu'on observera avec
beaucoup d'intérêt la formation relative des diffé=
rentes couches des environs de Salies , ville au milieu de laquelle jaillit une abondante et riche fontaine salée ; les habitans paraissent endurcis au
travail. On y voyait même autrefois des femmes ,
ayant les jupes retroussées jusqu'au genoux , des-
cendre par un grand escalier dans le bassin qui la
renferme : elles y puisaient de l'eau dans de grands
sceaux que ces laborieuses femmes deux à deux
portaient sur leurs épaules à l'aide d'une barre de
bois transversalle , et qui allaient déposer cette
eau salée dans leur habitation pour en obtenir le
sel.

Mais ce travail, quoique très=fatigant , se fai=
sait avec tant de dextérité , de force et de prompt-
titude , que tout le monde se plaisait à en être té=
moin. Les mémoires du tems nous apprennent
qu'en 1568 , il excita pareillement la curiosité de
Ceanne, reine de Navarre , et du prince son fils à

leur retour de Garris, où ils s'étaient rendus pour pacifier le pays Basque. On dit qu'à cette époque ils logèrent, savoir : la reine Jeanne, dans la maison de Bernard de Couloumme, jurat ; et le prince son fils, chez Banere, qui était un autre jurat, officier municipal.

Nous avons rapporté ci-dessus, d'après le témoignage du savant M. Cordier, que les couches de la montagne de sel de Cardonna, située dans la Catalogne, étaient verticales ; je dois dire à cette occasion que cette disposition est particulière à cette mine, et qu'en général les mines de sel ne se rencontrent qu'en couches horizontales. Aucune des nombreuses descriptions qu'on a publiées sur les mines de sel gemme, n'offre une position verticale ; il ne sera peut-être pas inutile de faire observer que celle de la montagne de sel de Cardonne est semblable à l'arrangement que les bancs argileux calcaires et de granit feuilleté, suivent dans les Pyrénées d'où elles sont éloignées de quelques lieues.

V.

Continuons d'examiner les productions naturelles, situées aux deux extrémités de la bande calcaire que nous suivons entre l'Océan et la mer Méditerrannée. M. Gensanne dit que dans les Corbières, le territoire de Davaja consiste en terre schisteuse ; que les montagnes qui s'élèvent près de Paleirac, sont composées de schiste, *Histoire naturelle du Languedoc*, t. 2, pag. 189. Nous avons observé les mêmes matières vers les côtes de l'Océan.

Ce tableau de comparaison offre d'autres analogies très-singulières à l'extrémité occidentale de la parallèle minéralogique qui fait le sujet de ce mémoire, abonde en eaux thermales ; telles sont celles de Tercis, de Dax, de Saubusse, de Prechacq. Elle est remarquable en outre par des sources salées : on en trouve près de Biaudos, à Gaujac, à Arzet, à Pouillon et dans les communes du Leu, de Caresse, de Cassabé, et principalement à Salies.

Quittons maintenant les terrains contigus aux rivages orageux de l'Océan atlantique ; rapprochons-nous de la Méditerranée, nous trouverons une source chaude à Labastide du Peyrat, dans le Mirepoix ; une autre source chaude à 300 pas de la ville d'Alet ; les eaux chaudes des bains de Rennes, les eaux thermales de Ginolles à l'O. de Quillau, celles de Saint=Paul de Fenouilledes, de la source chaude de Pariols, la source minérale Caudiez, dont l'eau est tiède et qui sort de la fente d'un roc au pied d'une chaîne calcaire qui, selon M. Carrere, se continue depuis Salces en Roussillon, jusqu'au Mont Saint=Barthelemi ; nous trouverons, en outre, deux sources salées à Fourtou, et la source minérale de Salces qui, suivant M. Anglada, contient du sel marin à base de natrum. M. Carrere fait mention de toutes ces sources dans le *Catalogue raisonné des ouvrages publiés sur les eaux minérales*.

La plus parfaite ressemblance se trouve dans ces productions naturelles des contrées adjacentes des bords de l'Océan et des contrées voisines de la mer Méditerranée. Cette conformité singulière se fait même remarquer jusques dans la nature des substances que les eaux chaudes contiennent ; car, soit que l'on examine les sources de la partie occidentale de la bande minéralogique que l'on vient de parcourir depuis les côtes de l'Océan, ou celle qui se trouve voisine de la mer Méditerranée, partout l'on verra, non sans une grande surprise, que ces sources sont, d'après le rapport des chimistes, dépourvues d'hydrogène sulfuré et purement salines, excepté celles de Tercis et de Saubusse, communes situées aux environs de Dax.

Il n'est pas inutile de remarquer aussi qu'au S. S. E. de la ville d'Auch, on trouve sur le territoire de Simorre des turquoises ; ces substances osseuses, pénétrées d'oxide de cuivre, sont placées sur la ligne minéralogique, qui commence non loin d'Orthez, du côté de Bayonne, ville au confluent de la Nive et de l'Adour, ayant l'avantage unique en France de deux rivières qui ont flux et reflux.

La conformité de tous ces rapports semblerait devoir faire présumer que les matières calcaires, blanches, compactes, placées au pied des Pyrénées, se prolongent dans une direction parallèle à celle de la chaîne, et que la formation des différentes parties de cette bande de terrain date d'une même époque.

Après avoir rapporté des faits qui prêtent un grand appui à cette conjecture, il serait intéressant de savoir si au pied des Pyrénées et du côté méridional de cette chaîne, on trouve pareillement une bande calcaire, blanche, campacte, moins dure que le marbre et qui ne prend, comme la pierre de liais, qu'un poli grossier. Les observations qui pourraient m'autoriser à adopter une opinion quelconque, sont trop peu nombreuses pour que j'ose en hasarder aucune à ce sujet. Je me permettrai seulement de faire observer qu'entre Castillou et la ville de Jacca, on rencontre aussi des bancs de pierre calcaire, grise ou pierre de liais semblable, dans la texture, à celle qui forme une partie des rives du Nez, depuis Gan jusqu'à Rebenac, sur le territoire de France, et que ces bancs sont dans la direction de l'O. N. O. à l'E. S. E., ayant leur inclinaison du S. S. O. au N. N. E.

Si des rives de l'Aragon on passe à celles du Gallego, rivières qui arrosent les vallées parallèles de Camfranc et de Thène, on trouvera, dans l'intervalle qui les sépare, la même nature de roche qui, par conséquent, passe d'une vallée à l'autre : elle y suit la même inclinaison et la même direction. On trouve, en outre, entre ces deux vallées, des couches marneuses qui, comme celles du territoire de France, se prolongent aussi de l'O. N. O. à l'E. S. E., et sont inclinées du S. S. O. au N. N. E. J'ai décrit dans mon *Essai* la plupart des particularités dont il est question.

Ces rapports me font infiniment regretter de n'avoir pu, dans mes recherches géologiques, embrasser un plus grand espace. Il faut espérer que d'autres observateurs pourront consacrer plus de momens que moi à examiner cette curieuse formation.

En attendant, il ne sera point inutile de faire observer que sur le revers méridional des Pyrénées, comme du côté septentrional de cette chaîne, les couches se rapprochent plus ou moins de la direction de l'O. à l'E.

M. Muthuon dit avoir observé dans la montagne des Quatre-Couronnes, près d'Oyarsun, un schiste noirâtre en bancs ou feuillets plus ou moins épais, dont la direction générale est du S. E. au N. O. *Journal des mines*.

M. Thalacker rapporte que la montagne Dara=
lart dans le Guipuscoa, est formée de pierre cal=
caire de transition, alternant avec des couches in=
clinées de pierre argileuse, qui se prolongent de
l'O. à l'E. *Variedades de ciencias*, etc.

J'ai vu les environs de Roncevaux, monastère
situé au pied méridional des Pyrénées et près d'une
montagne composée de schiste argileux : on trouve
ensuite le village de Bourguette dans une petite
plaine où croissent le hêtre, le genet, etc.; et l'on
découvre à la gauche de cette commune des pier=
res calcaires disposées en masses et non par lits
feuilletés; c'est du marbre gris. Au=delà, le ter=
rain est disposé jusqu'à Subiri par couches incli=
nées, également calcaires, dont quelques=unes se
prolongent vers le soleil de 8 à 9 heures. Cette
pierre marneuse alterne avec des couches des chis=
te argileux qui suivent la même direction.

La montagne de sel de Cardonne en Catalogne,
est, selon M. Cordier, composée de couches ver=
ticales, qui se prolongent de l'E. S. E. à l'O. N. O.
comme nous l'avons déjà vu.

On remarque cette même direction dans les cou=
ches argileuses et calcaires des vallées de Thène et
de Camfranc.

V I.

Au reste, je crois devoir faire observer qu'on
ne connaît, jusqu'à présent, qu'un seul exemple
d'affaissemens ou creux en forme d'entonnoir,
dans les collines calcaires, marneuses, ou de pierre
de *liais*. J'en dois la connaissance à M. le baron
de Vallier, membre de plusieurs sociétés savantes,
et lieutenant de Roi à Navarrenx. Voici la note que
ce bon observateur a bien voulu me communiquer :

« On voit, dit-il, dans la commune de Saint-
» Martin de Hinx, département des Landes, sur
» les hauteurs qui dominent la vallée dite *Barthe*
» *des Nassats*, près l'Adour, de grands creux en
» forme d'entonnoirs, que quelques personnes
» ont, sans aucune preuve ni apparence, quali-
» fiés de Cratères, d'anciens volcans. Ces creux
» ou entonnoirs sont sur des collines calcaires
» gris et marneux, dont les couches sont à-peu-
» près horizontales. Ces cavités ne retiennent point
» les eaux pluviales même en hiver. L'ajonc *ulex*
» *europeus* et la fougère y croissent d'une manière
» surprenante ».

On remarque de pareils affaissemens quelquefois assez considérables pour former des vallons
dans d'autres parties de la France, notamment entre la ville d'Auxerre et Vermenton ; ici le terrain,
hérissé de coteaux couverts de vignes, présente,
dans plusieurs endroits, de grands enfoncemens,
au milieu desquels il ne coule pas un seul ruisseau.
La pierre calcaire est de la même nature que celle
de Berri et du Poitou, mais elle a communément
moins de dureté.

On observe la même singularité dans les couches
horizontales et calcaires, qui forment les collines
qu'on traverse depuis Brives jusqu'à Souillac ;
c'est-à-dire, des creux considérables où les eaux
pluviales ne séjournent pas. Elles disparaissent à
mesure que la pluie tombe ; ces enfoncemens et
vallons sont partout cultivés.

M. Omalius d'Halloi en a vu de semblables dans
les terrains calcaires des provinces Illyriennes,
surtout dans les environs de Fiume et de Trieste ;
on y voit, selon le même observateur, une grande
quantité d'enfoncemens, souvent très-considéra-

bles, en forme d'entonnoirs ou des cônes renversés....... Ces cavités ne retiennent point les eaux
pluviales; de sorte que lorsque les pentes ne sont
pas trop rapides, on y cultive quelques oliviers.

M. Omalius d'Halloy n'a pu se rendre raison de
ce phénomène; il s'est borné à faire observer qu'il
ne peut être attribué à un affaissement total du
sol; car les couches dans lesquelles sont creusés
les entonnoirs, ne présentent aucun dérangement
particulier, et conservent la même disposition que
toute la masse de terrain environnant; il faut espérer qu'à force d'observations et de recherches,
on parviendra à deviner la cause de cette singulière
formation.

Au surplus, cette large et longue bande de pierre
blanche calcaire compacte, qui forme en général des
coteaux ou des collines au pied des Pyrénées, n'offre nulle part aucune grotte ni caverne, du moins
dans les parties que j'ai visitées. L'œil y rencontre rarement des lieux escarpés dont l'aspect soit
capable de l'attrister ; ce terrain inégal, et quelque fois presque montueux, est orné d'une riche
culture ou couvert de pacages dans lesquels croissent abondamment la fougère, l'ajonc marin, la
bruyère. Le vigneron se plait d'autant plus à le
peupler de seps, qu'ils produisent des raisins dont
on obtient de très-bons vins. Les grains que le laboureur lui confie y prospèrent aussi.

Je terminerai cette notice par l'observation suivante : la bande calcaire blanche, qui se prolonge
des bords de l'Océan vers la mer Méditerranée,
semble se rapprocher de la formation des roches
calcaires des Pyrénées, soit par la dureté de la
roche qui la compose, soit par la disposition de
ses bancs qui, de même que ceux de cette chaîne,

sont inclinés et communément dans la même direction.

Les couches horizontales de pierre calcaire, moins dure, ne commencent à se montrer qu'au nord de cette singulière bande, qu'on pourrait appeler de transition, puisqu'elle est située entre les terrains dépendans des montagnes et les landes de Bordeaux ; on a vu que j'ai cru devoir fixer à 14 lieues, ou environ, la largeur de l'espace qu'occupe ce genre de formation intermédiaire, qui se distingue par la couleur blanche de la pierre qui le constitue, tandis que les roches calcaires des Pyrénées sont communément grises. Enfin, elle paraît avoir été formée pour servir de bornes du moins, du côté du nord, à cette longue et haute chaîne de montagnes.

SUR LA POSITION

RELATIVE DES ROCHES

DU PIC DU MIDI DE BIGORRE,

AVEC LES TERRAINS CONTIGUS.

Les peuples qui habitent l'ancienne novempopulanie, devenue dans la suite des temps, une partie des vastes domaines du Grand Henri, voient s'élever du côté du sud; l'imposante chaîne des Pyrénées; ses crètes sourcilleuses composent les limites qui séparent la France de l'Espagne; elles sont hérissées d'un grand nombre de pics, plus ou moins décharnés que la nature a formé pour attirer les nuages et les brouillards qui, se resolvant en neige ou pluie, donnent naissance à un nombre prodigieux de rivières qui portent la fécondité dans les plaines, et servent aux besoins des habitans.

On ne peut s'empêcher d'admirer la limpidité des eaux qu'elles roulent sur le sable pur dont leur lit est composé, ou à travers les rochers que sillonnent leurs flots écumeux et blanchissans.

Parmi ces hautes cimes, on en distingue un certain nombre qui frappent principalement la vue : mais aucune n'offre moins d'obstacles pour être observée que le Pic du Midi de Bigorre; sa situation au milieu de la région moyenne des Pyrénées, donne au voyageur qui parcourt les contrées situées au pied de cette chaîne, la facilité d'en considérer l'aspect majestueux.

S'il désire en outre, d'examiner son organisation physique, une belle route digne des romains, pratiquée dans les montagnes du Bigorre, mène à Barèges, d'où l'on peut monter à cheval jusqu'aux approches du Pic du Midi, que l'on atteint ensuite à pied, sans danger, mais non pas sans fatigue et frayeur; la partie la plus élevée, d'où la vue de l'observateur se perd dans les vastes contrées de l'Aquitaine ou dans les horribles déserts des Pyrénées.

C'est à l'accès facile de cette haute montagne, quoiqu'élevée de 1531 toises au-dessus du niveau de la mer, qu'on est redevable des belles expériences de MM. Darcet, Monges, Reboul et Vidal.

Cette énorme protubérance des Pyrénées n'a pas moins fixé l'attention des géologues que celle des physiciens. MM. Ramond, Pasumot, Duhamel ont parlé de sa structure et de ses rapports avec les matières adjacentes: je m'en suis également occupé; mais comme j'ai cru pouvoir envisager sa formation, d'une manière contraire à l'opinion assez généralement adoptée, et que je n'ose pas néanmoins affirmer que la mienne repose sur des solides fondemens; il m'a paru convenable d'attendre de nouveaux faits, avant de rien déterminer; c'est dans l'espoir qu'on prendra la peine de se livrer à cette recherche, que je propose des doutes qui demandent d'être éclaircis.

De savans géologues ont regardé comme primitif, le Pic du Midi de Bigorre, formé de schiste argileux, de chaux carbonatée et de quelques

3

roches granitiques qui se montrent vers le sommet : plusieurs considérations sembleraient néanmoins devoir séparer sa formation de celle du granit fondamental des Pyrénées. Examinons d'abord, avec M. Duhamel, la structure de cette haute montagne dont ce célèbre minéralogiste a donné dans le *Journal des mines*, une intéressante description : on ne peut avoir un meilleur guide.

« La cime du Pic du Midi de Bigorre, est composée de roches calcaires, qui alternent avec des gneif micacés et une roche grenatite : la direction des lits qui composent cette montagne, est de l'O. à l'E. » *Jour. des min.* n.° 46.

La connaissance de cette hétérogène structure a suffi pour engager des naturalistes à regarder le Pic du midi, comme une production primitive ; opinion qui a pu leur paraître d'autant plus vraisemblable, qu'une couche de granit s'y trouve renfermée entre deux bancs de pierre calcaire, quoique M. Duhamel suppose qu'elle ne s'y trouve pas engagée bien profondement : « Cette couche de granit a de 20 à 25 centimètres d'épaisseur : elle est située au-dessous de la cime du pic *ibidem*. »

Une masse de granit couronne en outre, quelques roches ondulées, calcaires et cornéennes : elle remonte obliquement la montagne vers l'est, jusqu'à la pointe du pic ; cette masse n'a point la même position que les lits qu'elle recouvre ; elle ne peut pas être considérée, suivant M. Duhamel, comme un filon, puisqu'elle ne traverse aucune substance pierreuse ; il est difficile de l'envisager comme une couche, puisqu'elle n'est parallèle à aucune autre : il faut donc, ajoute-

t-il, ou qu'elle ait été transportée où elle se trouve aujourd'hui, par une catastrophe quelconque,
ou qu'elle y ait été formée peu après la précipitation des roches ondulées, *ibid.*

« J'ai été très-étonné, dit M. Pasumot, de
» trouver presqu'au sommet du Pic du Midi de
» Bigorre, à environ deux toises au-dessous du
» granit absolument étranger à cette montagne,
» puisqu'elle n'est composée que des roches feuil-
» letées, calcaires et argileuses. » *Voyages physiques dans les Pyrénées*, pag. 31. M. Pasumot
dit que les masses de granit du Pic du Midi sont
évidemment des masses de transport, *ibidem*,
pag. 281, 283. Le Pic du Midi, vu des cabanes
de Tramesaigues, présente une infinité de couches, voyez *la planche 3 des voyages au Mont-
Perdu.*

« On voit sur la pente septentrionale, du côté
» de la vallée de Campan, un exemple bien posi-
» tif du granit dans la pierre calcaire, une cou-
» che de la première substance à peu près ver-
» ticale s'y présente, appuyée sur le calcaire. »
Journal des mines, n.° 46.

Qu'il me soit permis de demander d'abord au
sujet des observations intéressantes et singulières
que je viens de rapporter, si la petite quantité
de granit qui se trouve mêlée au Pic du Midi
avec les couches de chaux carbonatée, ne semble
pas autoriser à croire que c'est une simple ano-
malie, un accident particulier, dont on voit souvent des exemples dans les productions de la nature ? et comme on trouve quelquefois au milieu
des couches marneuses, des matières purement
composées d'argile qui n'a pu se mêler ni se con-
fondre avec la terre calcaire pour former de la

marne ; substance mixte qui fait ordinaireme:
la transition ou le passage des bandes calcair
aux bandes de schiste argileux ; de même ne s
rait-il pas possible que les couches calcaires c
Pic du Midi , voisines des montagnes de grani
renfermassent quelque partie de cette roche ant
que, ou que leurs flancs fussent couverts de ma
ses isolées formées uniquement de ses débr
transportés et déposés par les eaux ?

La position respective des bancs du Pic c
Midi et des roches adjacentes , doit=elle fai
présumer que sa formation se rapproche de cell
que l'on reconnaît pour secondaires ? Examinor
les matières qui se trouvent au nord et au sud c
cette célèbre montagne.

On voit d'abord , le long de la face escarp
septentrionale du pic , et sur les bords d'un préc
pice effroyable , dont les yeux n'osent sonder
profondeur , des bancs calcaires , dans lesque
alternent plusieurs fois , les roches de corne
depuis sa base du côté de la vallée de Campa
jusqu'au sommet. *Journal des mines ,* n.º 46.

Plus loin et vers le nord , on voit encore d
bancs calcaires , au milieu desquels s'ouvrent c
profondes cavernes , on y trouve aussi des cou
ches d'ardoise marneuse ; enfin des chistes arg
leux , où les habitans industrieux des environs c
Bagnères ont ouvert plusieurs carrières d'ardois

Que trouve=t=on au côté opposé , c'est=à=di
dans les montagnes affreuses situées au sud de c
même Pic du Midi de Bigorre ? Des couches d'ai
doise, de schiste gris, qui se lève par lames ; de
bancs de marbre et différentes matières que l
voisinage des roches granitiques a pu rendre très
mélangées : il est essentiel de faire observer qu

la direction de toutes ces couches est la même du
côté du sud, que celle des couches du Pic du Midi
qui les sépare, c'est-à-dire de l'O. N. O. à l'E. S.
E.; elles sont également parallèles entr'elles et se
succèdent alternativement sans guère différer dans
leur plan d'inclinaison.

Or, d'après cet ordre uniforme et général, la
formation des roches du Pic du Midi de Bigorre,
renfermées au milieu d'un terrain en partie com=
posé de couches d'ardoise, de pierre calcaire, et
se liant avec elles, ne pourrait=elle pas être envisagée, malgré son apparence primitive, comme
postérieure à celle du granit fondamental ? Cela
paraîtrait d'autant plus vraisemblable que le granit du Pic du Midi est composé de lames de feld=
spath, d'un gris bleuâtre plus ou moins mêlé de
cristaux de tourmaline noire. Le mica y est très=
rare ainsi que le quartz, circonstances qui sem=
bleraient le distinguer du granit central.

Il ne manque à cette opinion que de pouvoir être
justifiée par le plan d'inclinaison des couches ad=
jacentes du Pic du Midi ou qui font partie de sa
masse; mais il est trop variable pour que je me
permette d'en faire usage; car une partie de ces
couches est inclinée du S. S. O. au N. N. E., et
une autre du N. N. E. au S. S. O. Cette montag-
gne n'offre donc pas précisément la position rela=
tive qu'on observe entre les couches primitives et
les secondaires; on n'ignore pas que les premières
servent en général de support à celles=ci.

Au reste, je dois convenir à l'occasion des sujets de doute qui viennent d'être rapportés, que
ce n'est point la première fois que la réflexion m'a
présenté des difficultés qui ne s'étaient point of-
fertes d'abord à mon esprit, et sur lesquels j'ai cru

devoir porter de noùveau mon attention. Quiconque se livre à l'étude de la géologie, ne peut s'empêcher de partager l'opinion de M. Ramond, qui l'exprime de la manière suivante :

« On ne sait, dit avec raison ce savant natura-
» liste, comment font ceux qui, du même coup-
» d'œil, aperçoivent, saisissent et jugent ; ce qui
» frappe nos regards pour la première fois, est
» rarement vu en même-tems des yeux, de l'es-
» prit : on n'emporte avec soi que des sensatious
» et des images. Leur multiplicité accable; et
» l'on ne les démêle qu'à force de tems et loin des
» objets qui les ont excitées : alors naissent des
» dontes inopinés, et le besoin de consulter la
» nature sur cent questions nouvelles qui pren-
» nent la place d'une question résolue». *Voya-*
ges au Mont-Perdu, p. 90.

DE LA POSITION

ALTERNATIVE

DES COUCHES.

La succession alternative des différentes matières secondaires des Pyrénées, dont quelques naturalistes révoquaient en doute l'existence, se
fait aussi remarquer dans plusieurs autres parties
du globe, notamment dans les mines de houille et
les couches de gypse.

Il ne faut point regarder, dit M. de Lamethe-
rie, « les couches gypseuses de Mont=Martre,
» comme un phénomène particulier : tous les gyp-
» ses sont déposés avec la même régularité ; les
» houillères ou mines de charbon de terre offrent
» le même phénomène ; elles sont par couches ;
» et leurs différentes couches sont séparées par
» d'autres substances cristallisées confusément,
» telles que des schistes, des grès, des pierres
» calcaires.....

» Les couches schisteuses, calcaires, présen-
» tent encore le même phénomène. On peut même
» porter, comme un fait général, que toutes les
» grandes couches, tous les bancs épais, sont sé-
» parés les uns des autres par une couche mince
» d'une matière hétérogène, laquelle, le plus sou-
» vent, est une argile ou une marne argileuse ».
Journal de physique. Avril 1793, p. 305.

Ainsi l'arrangement alternatif de différentes

couches, n'est point un sujet de doute; il est au contraire considéré comme règle générale.

Il est très-difficile d'expliquer la cause de cette disposition alternative. M. de Buffon, dont les écrits ont trouvé par-tout des admirateurs, en ayant aussi vérifié l'existence, suppose, par exemple, « que les ardoises et les charbons ont été recouverts par d'autres couches de terres argileuses que la mer a déposées dans des tems postérieurs; il ajoute, qu'il y a eu même des intervalles considérables et des alternatives de mouvement, entre l'établissement des différentes couches de charbon dans le même terrain; car on trouve souvent au-dessous de la première couche de charbon, une veine d'argile où d'autre terre qui suit la même inclinaison, et l'on trouve ensuite, assez communément, une seconde couche de charbon inclinée....

L'on ne peut douter que les couches les plus basses de charbon aient été produites, les premières par le transport des matières végétales amenées par les eaux; et lorsque le premier dépôt d'où la mer qui enlevait ces matières végétales se trouvait épuisé, le mouvement des eaux continuait de transporter au même lieu les terres ou autres matières qui environnaient ce dépôt. *Epoques de la nature.*

« La plupart de nos collines, dit encore M.
» de Buffon, ne se sont pas formées par des dé-
» pôts successifs, amenés par un mouvement uni-
» forme et constant. Il faut nécessairement ad-
» mettre des repos dans ce grand travail, des in-
» tervalles considérables de tems entre les dates
» de la formation de chaque banc, pendant les-
» quels intervalles certaines espèces de coquilla-

» ges auront habité, vécu, multiplié sur ce banc,
» et formé le lit coquilleux qui le surmonte : il
» faut encore accorder du tems pour que d'autres
» sédimens de graviers et de matières pierreuses
» aient été transportés, amenés par les eaux,
» pour recouvrir ce dépôt de coquilles ».

M. Delametherie pense que les couches alter=
natives sont produites par les forces d'affinité qui
ont fait déposer ici telle substance, ailleurs telle
autre ; une première couche schisteuse, par exemple, s'étant déposée en un endroit en attirera
un grand nombre d'autres ; il se formera une montagne de schiste. *Journal de physique.* Avril
1793, p. 304.

M. Patrin qui, dans ses longs et divers voyages,
a recueilli beaucoup d'observations propres à hâ-
ter les progrès de la géologie, explique différem-
ment le retour alternatif des couches : il en attribue la cause aux éruptions périodiques des volcans sous=marins. *Hist. nat. des minéraux*, t. 5.

M. de Saussure se borne à dire que la succession de différentes couches dans le même ordre,
prouve les mouvemens périodiques du fluide dans
lequel les montagnes ont été formées. *Art.* 695.

Telles sont les hypothèses les plus ingénieuses
que l'on a jusqu'à présent hasardées sur la formation des couches alternatives des différentes ma=
tières qu'on trouve dans le sein de la terre, et
dont la cause secrète pique la curiosité des naturalistes, en même=tems qu'elle semble se dérober à leurs recherches.

La différence des conjectures que je viens de
rapporter, prouve la nécessité de multiplier les
observations, d'examiner principalement la nature du terrain que la mer forme sur les plages

qu'elle baigne ; mais ce qui paraît jusqu'à présent très=certain, c'est qu'une seule et même cause générale ne produit pas les différentes couches alternatives et parallèles que le sein de la terre renferme. Les observations suivantes nous montrent au contraire plusieurs causes. Par exemple, la montagne située dans la commune de St=Jean de Valérisque, est composée de couches rangées dans cet ordre :

> Roche quartzeuse.
> Ardoises herborisées.
> Houille.
> Ardoises herborisées.

V. l'hist. nat. de la France mérid. t. 3, p. 322.

Ces quatre couches se répètent huit ou neuf fois chacune, et suivent toujours le même arrangement qui semble indiquer des dépôts formés par des courans périodiques, à des époques différentes.

M. le Monier fait mention dans *ses observations d'histoire naturelle*, de plusieurs couches de sable et d'ocre qui se succèdent les unes et les autres, sans le moindre mélange, la séparation des veines de sable et d'ocre est parfaite et n'est, pour ainsi dire, qu'une ligne géométrique.

Lorsqu'on réfléchit sur la disposition respective de ces deux substances, on conçoit facilement que des courans périodiques qui les tenaient en suspension, ont pu les amener et les précipiter ensuite au fond de la mer selon la différence de leur pesanteur : supposons que ces mêmes courans se renouvellent une vingtaine de fois, et que les eaux, chargées de particules de sable et d'ocre viennent à déposer ces mêmes particules ; il n'est pas douteux qu'il en résultera vingt couches alternatives ; savoir : dix couches composées de sable, dix autres couches formées d'ocre ; c'est-à-dire, que chaque mouvement des eaux devra produire un dépôt particulier de chacune de ces substances.

Les couches alternatives de charbon de terre et d'argile que M. Faujas a vues au pied du Mezinc, montagne du Velai, pourraient avoir la même origine : je dis la même chose de plusieurs autres couches de houille, alternant pareillement avec des couches d'argile ; mais on ne saurait admettre la même cause pour la formation des terrains, composés de la manière suivante :

Les environs de la ville de Modène présentent plusieurs couches d'une substance crétacée, remplie de coquillages marins : elles alternent avec d'autres couches d'une terre noire, marécageuse, pleine de joncs, de branches et de feuilles de différentes plantes. *Voy. d'Italie* par M. de Lalande.

M. Poiret, ancien professeur *d'histoire naturelle* à l'école centrale de l'Aisne, dit que les lits de tourbe de ce département, alternent avec des couches de marne et d'argile, et que plusieurs de ces couches contiennent des coquilles fluviatiles ; les couches supérieures qui recouvrent celles de la tourbe, sont, en général, composées de couches alternatives de sable, d'argile et de terre végétale. Ces couches sont remplies d'un grand nombre de coquilles isolées, réunies par groupes, ou même déposées par bancs réguliers d'huitres, de visses, de cérites, de buccins, de venus, de nérites, etc. M. Poiret suppose que le Soissonnais est resté pendant une longue suite de siècles couvert de vastes forêts et de nombreux marais. La tourbe pyriteuse qu'on a soin d'exploiter, et les

coquilles fluvialites qui s'y trouvent, appartien‑
nent, selon cet habile naturaliste, à des tems an‑
térieurs à ceux où la mer est venue postérieure‑
ment inonder ce pays. On observe, avec admira‑
tion, ajoute=t=il, dans ces couches déposées suc‑
cessivement par les eaux douces et par celles de la
mer, les grandes révolutions qu'a jadis éprouvé
cette partie de notre globe, quoiqu'on n'en puisse
fixer les époques. *Journal de physique.* Vendé‑
miaire an 9.

M. Dupuget rapporte qu'aux environs du mole
St=Nicolas, dans l'île de St-Domingue, des mas‑
ses de madrepores sont disposées en bancs hori‑
zontaux, entremêlés de lits de sable. *Journal des
Mines*, n.º 18, pag. 48.

Voici d'autres exemples de couches alternati‑
ves dont la formation ne peut avoir nul rapport
avec celle des couches précédentes; elles sont
tour à tour l'ouvrage du feu et de l'eau. « La
Ronca, haute colline de la vallée *del Buso*, dans
le Veronais, est composée de couches de lave qui
alternent avec des couches de pierres à chaux,
qui renfermeut des corps marins pétrifiés. *Voyez
les léttres sur la minéralogie de l'Italie*, par M.
Ferber, p. 63.

M. Coquebert a remarqué près de la chaussée
des Géans, en Irlande, une couche de houille en‑
tre deux bancs de basalte.

M. Duhamel a vu des couches de houille cou‑
vertes par le basalte à Laubepin, dans le Velay,
à Jaujac, dans le Vivarais, et dans plusieurs en‑
droits de l'Auvergne. *Hist. nat. des mines*, par
M. Patrin, t. 5, p. 338.

Dans le Val di Nota (en Sicile), le calcaire co‑
quillier, selon l'observation de M. l'abbé Ferrara,

est mêlé avec les anciennes productions volcaniques de ce pays, et forme avec lui des couches alternatives. *Journal de physique*, etc. Juillet an 1817, p. 35.

Les faits qui viennent d'être exposés, prouvent que la succession alternative des couches est due à différentes causes.

OBSERVATIONS

GÉOLOGIQUES

FAITES DANS LA PARTIE SEPTENTRIONALE

ET MÉRIDIONALE DES PYRÉNÉES.

I.

Ceux qui s'attachent à l'étude de la nature, n'ignorent pas qu'elle offre de grandes difficultés pour éclaicir les mystères dont elle enveloppe ses ouvrages ; et quoique la connaissance des faits paraisse le plus sûr moyen d'y parvenir, leurs efforts sont néanmoins presque toujours insuffisans pour dissiper les doutes que la plupart des questions naturelles font naître.

Il faut donc redoubler de zèle pour ajouter de nouvelles notions à celles qu'on a jusqu'à ce jour acquises, et qui peut-être contribueront à fournir quelque heureux résultat.

On remarque dans les montagnes méridionales et les plus élevées de la vallée de Barèges qu'indépendamment des bandes alternatives de schiste argileux et de pierre calcaire qui, avec le granit, forment la plus grande partie septentrionale des Pyrénées, on observe dans cette haute region une autre bande de terrain, remarquable par l'uniformité et l'abondance des matières calcaires dont elle est en général composée, et qui sont d'une origine moins ancienne que les autres roches de ce même genre, puisque les dépouilles marines s'y montrent plus répandues.

Cette bande calcaire, moins associée en général avec des schistes argileux, se prolongeant de l'O. à l'E. à peu-près, et principalement sur une partie du revers méridional de la chaîne, semblerait former la continuité des montagnes escarpées des environs de Camfranc, commune Espagnole, située non loin du port de Sainte-Christine ou Somport, *summus portus* et près de laquelle les bancs sont horisontaux ; mais il n'est pas inutile de faire observer que bientôt après, en allant vers le sud, ils redeviennent néanmoins inclinés.

En continuant de se porter vers l'E., on voit des bancs calcaires presque horizontaux dans les montagnes contigues au Col des Moines, et situées non loin du Pic du Midi d'Ossau, qui perdit l'imposante épithète d'inaccessible, lorsque M. le baron Armand Dangosse monta jusqu'à la cime de ce mont altier dont il a publié une description intéressante. Il ne sera peut-être pas inutile de faire observer que le Mont-Blanc dans les Alpes ainsi que le Pic du Midi d'Ossau dans les Pyrénées ; les granits sont fréquemment mélangés de hornblende... Ce fossile paraît tenir dans ces granits la place du mica qui ne s'y montre qu'en lames rares.

Au sud du Col d'Anéou, on découvre aussi des bancs presque horizontaux de marbre gris, qui terminent le sommet de cette region supérieure aride et nue. Je ne peux nommer le Col d'Anéou sans faire remarquer que M. de Charpentier a trouvé des empreintes de plantes dans les schistes argileux de cette montagne ; en la descendant du côté de l'E. ; elles sont semblables

à celles qu'on rencontre sur le plan des étangs
d'Aygouillet près de la Maladetta.

Au reste, les mêmes matières qui sont au sud
du col d'Anéou, se trouvent du côté de Viescas,
dans le val de Thène, sur le territoire d'Espagne
et parallèle au val de Camfranc. Elles constituent
des montagnes très-élevées également remarquables par leur affreuse nudité; la roche qui les
compose est de la nature du marbre, susceptible
par conséquent de prendre le poli comme les calcaires des Pyrénées.

Quelques-uns des bancs dont nous avons parlé
ci-dessus, sont horisontaux : disposition moins
rare dans cette bande calcaire que dans les autres
parties des Pyrénées.

Si l'observateur continue à se diriger encore
vers l'E., il entre dans le val de Broto, situé de
même sur le territoire d'Espagne, et dans lequel
on observe aussi des couches calcaires horison-
tales. M. Ramond, malgré l'ardeur de son zèle
pour pénétrer les secrets de la nature, n'a pu
saisir le passage d'une position à l'autre.

La pierre calcaire donne naissance du côté de
l'E. et au nord de Broto, à d'autres montagnes,
parmi lesquelles on distingue le Mont-Perdu,
qui s'élève à la hauteur de 1747 toises, au-dessus
du niveau de la mer. Son énorme masse est encore
plus remarquable par les dépouilles de corps marins qu'elle renferme, que par sa grande élévation.
On en trouve, selon M. de Charpentier, depuis
sa base, observée sur les bords de la Cinca jusqu'à la cime.

L'hospice Espagnol de Boucharo est situé au
pied de ces hautes protubérances des Pyrénées;
M. Ramond, familier avec les expériences de

physique, estime sa hauteur à 741 toises, au-
dessus du niveau de la mer comme celle de Gavarnie. *J. des M.*, n.° 83; *p.* 342.

Il est vraisemblable que les roches calcaires qui
se prolongent à l'O. depuis le Mont=Perdu jusqu'aux environs de Camfranc, font partie de la
bande de terrain que M. Ramond nomme l'axe
méridional des pierres coquillières, et qui comprend le Mont-Perdu. Mais ayant suivi les vallées de Thebe et de Camfranc, jusqu'aux débou-
chés des montagnes, je dois convenir qu'aucun
vestige de dépouilles marines ne s'est présenté à
mes yeux, et c'est peut-être faute d'une attention
suffisante, ayant parcouru rapidement ces deux
vallées.

On doit convenir aussi que ces sortes de découvertes sont en général l'effet du hasard. J'ai
visité, par exemple, soigneusement, toute la
partie du bassin de Bedous, dans la vallée d'Aspe,
remarquable par les montagnes de grunstein qu'il
renferme. Elles sont contiguës et parallèles à la
chaîne calcaire de Lavens, qui les borde du côté
du nord, mais sans qu'on puisse découvrir laquelle de ces deux roches est superposée à l'autre.
M. de Charpentier a parcouru les mêmes lieux
pour observer les roches de grunstein. Il a passé,
comme moi, au pied de la montagne calcaire de
Lavens sans avoir observé rien de curieux. Cependant on vient d'y découvrir des coquilles bivalves et univalves, ainsi que des impressions de
plantes.

C'est à M. Lassalle d'Osse, amateur éclairé
de l'histoire naturelle, qu'on est redevable de la
découverte de ces fossiles, qui se trouvent dans
une pierre calcaire noirâtre et feuilletée.

4

M. Lassalle a été moins heureux dans la re
cherche qu'il a faite des coquilles que renferment
suivant mon indication , les montagnes d'Abess
près des Eaux chaudes ; il n'a pu en trouver au
cun vestige , mais il n'a point douté de la réalit
de ma découverte. Les coquilles que j'ai trou
vées au pied du Col d'Abesse, sont placées au cabi
net royal des mines, à Paris. Ces infructueuse
recherches prouvent encore , comme je l'ai dit
que de pareilles découvertes sont l'effet du hasar
qui, d'ordinaire, favorisent beaucoup mieux l'ob
servateur que l'attention la plus constante.

Le célèbre Deluc doit être compté parmi plu
sieurs naturalistes qui ont écrit que l'on ne trouv
pas de corps marins dans les Pyrénées. *Lettre
phylosophiques et morales*, t. 5 , p. 479. Le
preuves du contraire se multiplient chaque jou

Au reste, je pense qu'il est utile de ne pas lais
ser ignorer que les couches calcaires de la monta
gne de Layens, située sur la rive gauche du Gav
d'Aspe , se prolongent vers la montagne d'Ordinse
qui s'élève sur le bord opposé de cette rivière. Ce
mêmes couches paraissent se diriger du côté d
Louvie=Dessus, dans la vallée d'Ossau ; ce qu
est d'autant plus vraisemblable , qu'on trouv
parmi les atterrissemens d'un torrent, qu'on nom
me *Cansetche*, qui baigne le pied de la montagn
de marbre statuaire de Louvie, des coquilles bi
valves comme à Layens. Ainsi les montagnes cal
caires qui dominent le bassin de Bedous et celu
de Laruns dans la vallée d'Ossau, paraîtraien
avoir une formation simultanée.

I I.

Quoiqu'il en soit , si nous revenons vers l'oc

cident nous verrons que la pierre de carbonate de chaux forme également les désertes montagnes qui s'élèvent à l'O. de Camfranc, et qui, comme celle des environs de cette commune, situées du côté du midi, sont presque adjacentes au territoire de Huesca, ancienne cité devenue fameuse par les écoles publiques que Sertorius y établit, et dans laquelle se grand homme fut assassiné par Perpenna, lieutenant de Pompée. Je désirerais bien pouvoir présenter à la curiosité, des objets propres à distraire les naturalistes qui ont le courage de me suivre dans cette contrée aride et montagneuse de l'Aragon, qui fatigue la vue par l'aspect des roches grises dont elle est en général composée, mais elle n'offre ici qu'une triste uniformité; la culture des plantes se montre peu variée dans les vallées d'Aragues-d'Echo et d'Anço. Là pomme de terre et le seigle dont les habitans se nourrissent, ne suffisent pas à leur subsistance : un très-grand nombre d'individus des deux sexes, viennent la chercher en Béarn, et se répandent principalement dans les plaines fertiles qu'arrose le Gave d'Oloron, soit pour y vivre d'aumônes ou par le travail.

Les hommes moins adroits que robustes, sont employés principalement à défricher, à convertir en guerets des terres stériles, couvertes en général de fougère, de bruyère et d'ajonc marin. Les femmes également laborieuses tricotent, filent à la quenouille et sarclent. Les enfans ne demeurent pas oisifs; ils parcourent les communes pour mendier, comme s'ils étaient chargés du soin de nourrir leurs parens.

Tous ces montagnards d'Aragon, province qui faisait anciennement partie de la Celtibérie, ont

pour chaussure une sorte de cothurne ; c'est uniquement une simple semelle de peau qu'ils attachent avec des courroies étroites dont ils entourent le bas de la jambe, et qui sont destinées à
retenir un morceau d'étoffe de laine qui la couvre ;
néanmoins cette chaussure ne les met pas à l'abri
de l'humidité ; ils ne la quittent jamais quelque
tems qu'il fasse ; et, chose singulière, on remarque que leur santé ne paraît point se ressentir de
cet usage.

Mais hâtons-nous de nous éloigner de cette
aride contrée ; passons dans la vallée de Roncal,
qui est la première des pays Basques du côté de
l'O. et parallèle aux précédentes. Nous y trouverons pareillement des roches calcaires d'où
sortent des sources thermales. Ces mêmes matières de chaux carbonatée s'étendent jusqu'aux
environs de Roncevaux et Pampelune, ville fondée ou rebâtie par Pompée : elles occupent l'intervalle qui sépare ce célèbre monastère et cette
antique cité.

Je n'ai nulle part observé de corps marins. La
roche calcaire s'y montre, soit en couches inclinées, soit en masses continues, parmi lesquelles
on distingue, au nord de Subiri, quelques couches de schiste argileux. Sa texture est tantôt
comme celle du marbre, tantôt feuilletée. Quant
à la couleur, elle est communément grise : les
montagnes, composées de cette pierre calcaire,
ne sont pas très-hautes.

La montagne d'Aostabiscar (*Dos-d'âne*), entourée de chiste argileux, s'élève au nord et près
de Roncevaux, lieu fameux où l'arrière-garde de
l'armée de Charlemagne fut défaite en 778 par les
Sarrasins et Loup, duc de Gascogne. Les Fran-

çais abattirent en 1794 la colonne que les Espagnols avaient élevée comme un monument de cette
ancienne victoire.

Il semble que dans la construction des Pyrénées
la nature a formé d'abord le granit pour être le
fondement de ces vastes montagnes ; qu'elle a
couvert ensuite cette roche de couches alternes de
granit feuilleté, de schiste argileux, de chaux
carbonatée susceptible de prendre le poli, et
qu'elle a achevé ce majestueux ouvrage par l'ac-
cumulation des matières calcaires de la bande de
terrain dont les montagnes des environs de Gavarnie, moins mêlées de schiste argileux et qui sont
remplies de dépouilles marines, forment les plus
remarquables appendices. Il faut néanmoins convenir qu'à côté du Pic Blanc, situé près du port de
Gavarnie, on remarque une ardoisière. Ce même
Pic contient du calcaire hépatique.

Cette abondance de pierre calcaire secondaire
se fait remarquer aux fameuses sources ou cascades du Gave Béarnais, à la gauche du port par
lequel on passe à Torla, etc., lieu situé sur le
territoire d'Espagne ; la direction des couches est
au pied des cascades de l'O. N. O. à l'E. S. E. ;
l'inclinaison varie du N. N. E. au S. S. O., et du
S. S. O. au N. N. E. comme dans les roches environnantes. Les cascades de Gavarnie tombent
dans une enceinte ou cirque en amphithéâtre, dont
le diamètre a plus de 1800 toises.

La principale de ces cascades a 1270 pieds de
hauteur : elle excède de 500 pieds celle de Lau-
terbrounem. Après une chute d'eau de 1800 pieds
qui se trouve en Amérique, c'est la plus haute
que l'on connaisse.

Lorsque je portai mes premières recherches

dans les Pyrénées, les belles cascades de Gavarnie et les autres merveilles de la vallée de Barèges
n'attiraient qu'un petit nombre de curieux dans
cette contrée, qui présente le spectacle le plus
imposant; et je ne crois pas me tromper en di-
sant qu'il n'avait encore été rien publié à cet égard,
jusqu'en 1781 et 1784, époques où parut, avec
le privilége de l'Académie royale des sciences,
de Paris, mon essai sur la minéralogie des Monts-
Pyrénées.

Depuis lors, on s'est montré plus généralement
désireux de visiter cette magnifique partie du Bigorre, dont MM. Ramond, Picquet et d'autres
savans auteurs qui honorent ce département, ont
encore mieux fait connaître les beautés pittoresques. Aussi chaque année voit-on s'accroître le
nombre des contemplateurs de la nature, qui courent admirer principalement un de ses plus beaux
ouvrages, au fond de la vallée de Barèges, déjà
si renommée par les propriétés de ses eaux thermales.

Et combien ce noble goût ne sera-t-il imité depuis qu'on a vu une auguste Princesse, MADAME,
duchesse d'Angoulême, ne point craindre de pénétrer jusqu'aux lieux les plus reculés d'une région éternellement couverte de glaces et de neiges, bravant, pour en approcher, une longue
suite de précipices dont on ne peut sonder la profondeur qu'avec effroi, et après avoir franchi des
rochers énormes sans ordre accumulés, comme
pour en défendre l'accès.

Ce courage ne paraîtra pas inférieur à celui que
montrèrent LL. MM. l'Empereur et l'Impératrice
d'Autriche, la princesse Amélie de Saxe et S. A.
R. le prince de Salerne, qui osèrent monter jus-

qu'à l'horrible et circulaire enceinte du cratère du Mont-Vésuve.

Celle de Gavarnie semble, au premier coup-d'œil, moins entourée de danger ; mais ces rochers inaccessibles et sourcilleux ne menacent-ils pas d'écraser le spectateur en roulant du haut des montagnes environnantes ? Mais ces masses énormes de glaces, de neiges éternelles, entassées par les siècles et suspendues au-dessus de sa tête, ne peuvent-elles pas au moindre bruit, se détacher, tomber en lavanges suivies d'affreux éboulemens ? ne peuvent-elles pas, dis-je, l'ensevelir au pied des orgueilleuses tours de Marboré, que la nature paraît avoir élevées pour la défense d'un édifice qui s'annonce avec autant de grandeur et de majesté que l'enceinte de Gavarnie ?

Il faut convenir néanmoins, que jamais pareil désastre n'est survenu : parce que de même que les curieux observateurs, n'approchent point du Mont-Vesuve pendant les éruptions de ce terrible volcan, et les circonstances qui les annoncent et les préparent, de même on n'entreprend le voyage de Gavarnie qu'après la fonte de la plus grande partie des neiges abondantes, que l'hiver accumule au-dessus de ces belles et hautes cascades ; sources intarissables du Gave Béarnais qui, par le cours impétueux de ses flots écumeux argentés et bruyants, depuis Coarraze jusqu'à Pau, semble empressé d'arriver sous les murs du château royal où naquit le Grand et bon Henri.

Nous avons vu que l'enceinte circulaire qui les reçoit et qu'on nomme *Oule*, forme un cirque dont le diâmètre est de 1800 toises. Il fait l'admiration des voyageurs qui vont le visiter. A son aspect, tous répètent avec l'ingénieux et

savant auteur du voyage dans les Pyrénées françaises. « Qu'on parle encore de ces ouvrages des
» romains, de ces amphithéâtres dont les voya-
» geurs courent admirer les ruines à Nîmes ou
» dans d'autres villes, pour être frappés de ces
» monumens où de vils gladiateurs combattaient
» aux yeux d'un peuple oisif; il ne faut pas avoir
» vu ce cirque bien plus auguste, bien plus ter-
» rible où la nature aux yeux du philosophe,
» lutte perpétuellement avec le temps, p. 171. »
Il n'est pas douteux qu'à mesure qu'on avance
dans la vallée de Barèges, on est plus frappé de
la grandeur et du nombre des merveilles qui s'y
rencontrent.

Quoique la manière dont j'ai fait mention de
tout ce qu'on voit de curieux dans le Bigorre,
ne puisse être comparée aux descriptions publiées
par de célèbres auteurs qui, dans leurs écrits
possèdent le double talent de plaire et d'instruire,
j'espère néanmoins qu'on me permettra de répé=
ter ici ce que j'ai dit il y a 40 ans, sur un sujet
dans lequel je n'avais point de modèle.

« A mesure que nous nous éloignons de la mer,
» on voit, comme je l'ai déjà annoncé, les Pyré=
» nées s'élever d'une manière, pour ainsi dire,
» insensible. La vallée d'Ossau nous a présenté
» des montagnes d'une hauteur plus considérable
» que celles de la vallée d'Aspe ; elles sont à leur
» tour dominées par les montagnes de Lavedan,
» dont l'aspect est aussi plus varié. Le voyageur
» entre dans ce pays par une gorge étroite que l'on
» trouve après Lourde, place qu'Arnaud de Béarn
» défendit vaillamment pour les Anglais en 1373,
» et où il périt de la main de Gaston de Foix son
» parent, qui le poignarda pour avoir refusé de
» la livrer au duc d'Anjou.

» En avançant vers le sud, on découvre la
» plaine d'Argelés, où se fait la réunion de plu-
» sieurs torrens qui, après avoir précipité leur
» cours à travers les rochers, coulent sur un sol
» propre à différentes productions : ici, des cam-
» pagnes semées de froment et de maïs, four-
» nissent également à la subsistance du riche et
» du pauvre ; là, les plus belles prairies assu-
» rent un asile aux troupeaux que les neiges de
» l'hiver chassent du sommet des Pyrénées ; près
» des lieux habités, des vergers, dont l'épais
» feuillage couvre les canaux destinés à feconder
» les terres, enchantent la vue par la diversité des
» fruits : ce délicieux vallon est dominé par des
» montagnes qu'embellissent des bois épars, de
» gras pâturages, entrecoupés d'une infinité d'ha-
» bitations, tableau qui, sans embrasser beau-
» coup d'étendue, n'offre pas moins le plus agréa-
» ble mélange.

» Après le village de Pierrefitte, s'élève une
» longue chaîne de roches, au pied desquelles on
» admire le magnifique chemin qui mène aux
» bains de Barèges par une gorge étroite et pro-
» fonde ; la nature qui dans les maux dont elle
» accable l'humanité, semblait avoir voulu lui
» dérober l'usage de ces eaux salutaires, en les
» plaçant dans les déserts les moins accessibles,
» a été forcée de se prêter aux vues bienfaisantes
» du gouvernement. Les flancs des montagnes
» ouverts, d'effroyables ravines comblées, des
» ponts construits sur des torrens impétueux,
» ont fait disparaître tous les obstacles qui empê-
» chaient d'approcher de ce lieu ; mais l'admi-
» ration produite, par ces prodiges de l'art,
» de même que les riantes prairies de Lus, dé-

» dommagent faiblement de l'extrême aridité
» qu'on observe sur les bords du Gave, et dont
» le voyageur n'est pas moins attristé que de la
» couleur noirâtre des rochers. Il découvre bien-
» tôt après, en continuant de remonter par Saint-
» Sauveur, des montagnes sans culture; leur as-
» pect devient hideux vers les frontières de l'Es-
» pagne ; les environs de Gèdre offrent des blocs
» énormes de granit, confusement entassés; mais
» l'étonnement redouble lorsqu'on arrive au vil-
» lage de Gavarnie. Les tours de Marboré, qui
» paraissent moins l'ouvrage de la nature que ce-
» lui de l'art, composées de bancs calcaires, se
» perdent dans la région des nues, et ne sont ac-
» cessibles qu'aux frimats. Des neiges éternelles
» couvrent une partie de ces montagnes, que la
» nature condamne à la plus affreuse stérilité ;
» l'œil y cherche en vain des verts gazons; le
» sapin, qui se plait au milieu des plus arides ro-
» chers, refuse même d'ombrager des lieux aussi
» sauvages : plusieurs torrens qui, du sein de ces
» montagnes glacées, tombent en cascades d'envi-
» ron trois cents pieds, et qui passent après leur
» chute sous des voutes de neige, sont leur unique
» ornement. On ne peut enfin considérer sans effroi
» l'horrible et imposant spectacle des tours che-
» nues de Marboré: situées à la source du Gave
» Béarnais elles semblent présenter à l'imagination
» même la plus froide, la demeure sacrée du Dieu
» qui verse les eaux salubres de cette rivière ».
» *Essai sur la Minéralogie des Monts = Pyré-*
» *nées.* Page 167.

La haute cascade de Gavarnie fournit avec ses
nombreuses auxiliaires, les eaux les plus claires
les plus limpides et dont les flots roulent avec bruit

et fracas sur un lit de roches et de cailloux dont l'œil distingue facilement la nature. Les voyageurs qui ont parcouru les Alpes, conviennent que les rivières de cette grande chaîne n'offrent point la même limpidité : la cause de cette différence est attribuée aux débris des montagnes de schiste argileux, sorte de roche beaucoup plus dure en général dans les Pyrénées que dans les Alpes, où, par conséquent, elle est plus susceptible de tomber en décomposition.

Mais revenons à notre sujet. Si les observations que j'ai faites dans les Pyrénées, m'autorisent à penser que la roche de granit est la principale base de cette chaîne, il ne faut pas croire que les débris granitiques charriés des montagnes par les torrens dans les vallées, se présentent avec la même position respective ; ils sont au contraire toujours placés sur les couches argileuses et les couches calcaires, soit horizontales, soit inclinées ; ils ne se montrent que très-rarement mêlés avec elles : le Pic du Midi de Bigorre présente le seul exemple de ce dernier genre qui me soit connu. Ces énormes amas de blocs, de cailloux granitiques, accumulés sur les flancs des montagnes et des collines ou dans les plaines, n'ont été formés qu'après les dépôts des couches argileuses et des couches calcaires, qui leur servent de base.

Le transport des blocs granitiques dont la cause partage l'opinion des géologues, est une chose étonnante, difficile à concevoir ; cependant à mesure qu'on s'occupera de cette intéressante question, il semble qu'on ne pourra s'empêcher de voir dans ces grands atterrissemens, comme je l'ai dit dans mes mémoires, l'ouvrage des torrens qui se précipitent sur un plan très-incliné,

du haut des montagnes granitiques, et dont les
flots bourbeux, mêlés de terres, de sable et de
gravier, font mouvoir sur le revers septentrional
et le revers méridional des Pyrénées des blocs
énormes de rochers que des eaux légères, claires,
limpides, trouveraient inébranlables. C'est ce
dont j'ai plus d'une fois été témoin et que M.
Dureau de Lamalle a remarqué dans son voyage
à Vignemale : voici comment il s'exprime en faisant mention d'un torrent dont il observa le cours
impétueux pendant un violent orage :

« Un torrent furieux se précipite avec le fracas
» des volcans ; il lutte avec rage contre un bloc
» granitique de cent pieds de tour que la tempête
» a précipité des Monts et que ses flots ne peuvent
» charrier ; il s'indigne de l'obstacle et se jette
» en rugissant dans un gouffre profond qu'il s'est
» creusé entre deux murailles du granit le plus
» dur ; la limpidité seule de ses ondes contraste
» avec la sévérité effrayante du tableau. Mais je
» l'ai vu à la fin d'un long orage ; il roulait des
» eaux fangeuses et plombées comme le Ciel qui
» s'appésantissait sur la vallée ; il entraînait de
» chûte en chûte les rocs qu'il entre-choquait
» avec un fracas horrible ; le feu qui jaillissait de
» leurs veines se mêlait aux jaillissemens de ses
» ondes ; le tonnerre qui grondait parmi les échos
» des montagnes se mariait au fracas du tonnerre
» que roulaient ses flots tumultueux ; le bruit des
» arbres emportés dans son cours et brisés en
» éclats sur ses roches ; la nature était en convul-
» sion ; on croyait assister à une scène du déluge,
» et ce lieu était digne d'inspirer de semblables
» pensées. » P. 41.

III.

La nature satisfaite d'avoir insensiblement exhaussé, par des dépôts successifs, cette grande étendue de roches calcaires, depuis les montagnes de la Haute-Navarre et de l'Aragon, jusqu'à la région des neiges éternelles du Mont-Perdu, ne leur a pas donné plus loin la même élévation. Les cimes orgueuilleuses de ce Mont fameux et de ses dépendances, s'abaissent du côté de l'Est, de manière à ne plus former que des montagnes inférieures dans l'Aragon et la Catalogne. Au Midi du département des Hautes-Pyrénées, tout, suivant M. Dralet, s'abaisse tout d'un coup et à la fois. C'est un précipice de mille à onze cents mètres, dont le fond est le sommet des plus hautes montagnes de cette partie de l'Espagne. Aucune n'atteint 2500 mètres d'élévation absolue et elles dégénèrent bientôt en collines basses et arrondies, au delà desquelles s'ouvre l'immense perspective des plaines de l'Aragon.

En effet, M. de Charpentier, savant géologue, auquel la chaîne des Pyrénées est parfaitement connue, a trouvé dans les montagnes de Salinas, près de la commune de Bielsa, en Espagne, de la pierre calcaire de la même nature que celle du Mont-Perdu, et renfermant quelques corps marins, qui ont échappé à mon attention, lorsque j'ai visité cette sauvage contrée.

En un mot, la matière calcaire, dont il est ici question, perd au-delà de la région neigeuse et glacée des environs de Gavarnie, le privilège de continuer à faire presqu'uniquement partie des limites des royaumes de France et d'Espagne, comme le Marboré, le Mont-Perdu, etc., etc., situés à la crète des Pyrénées : il est aisé de voir qu'en continuant de se prolonger vers l'est, cette crète présente une composition moins simple, c'est-à-dire plus mélangée : elle est formée de couches inclinées alternes de schiste argileux, de chaux carbonatée : on retrouve ce genre de formation aux environs du port de Bielsa, à l'extrémité méridionale de la vallée d'Aure, quoique celle-ci soit contiguë à l'immense dépôt calcaire, résultant de la destruction d'un nombre infini de corps marins, dont les dépouilles accumulées donnent naissance au Mont=Perdu.

Cette même formation de couches inclinées de schiste argileux et de carbonate de chaux, qui se succèdent alternativement, se fait pareillement remarquer à l'extrémité méridionale des vallées parallèles à celle d'Aure; telles sont les vallées de Louron, de Larboust, de Bagnères de Luchon, d'Aran, du Couserans du département de l'Arriège, vallées dont j'ai donné la description dans mon essai sur la minéralogie des Monts-Pyrénées.

Nulle part on ne retrouve à la crète de cette grande partie des Pyrénées, la composition uniforme ni l'abondance de la matière calcaire du Mont=Perdu.

La succession alterne des couches de schiste argileux et de chaux carbonatée s'offre dans cette crète aux yeux de l'observateur : il découvre en outre des roches de granit en masse qui leur servent de base.

Lorsque dans mes recherches, pour servir à l'essai sur la minéralogie des Monts=Pyrénées, dont la première édition fut publiée en 1782, je parvins à la crète du port de Venasque, j'aurais bien désiré pouvoir diriger mes pas vers cette fameuse Maladetta, où MM. Ramond, Léon Dufour et d'autres intrépides et savans observateurs ont tenté de monter; il m'eût eté facile de voir, de mes propres yeux, la Pena-Blanca et le Mont-Granitique de la Maladetta, couronné de glaces éternelles, contre lequel elle s'appuie; mais plusieurs obstacles s'opposèrent à mon désir.

Au reste, M. Léon Dufour qui s'occupe de recherches sur l'histoire naturelle dont il a embrassé plusieurs parties avec un zèle infatigable, nous apprend que la nature des roches de ces montagnes consiste principalement, comme la plus grande partie des Pyrénées, en granit, schiste argileux et carbonate de chaux.

Si de ce point qui sépare en deux parties égales la chaîne des Pyrénées, depuis Perpignan jusqu'à Fontarabie, et que j'ai toujours regardé comme le plus élevé, estimation contraire à celle de quelques physiciens; si de ce point, dis-je, on dirige avec ce bon observateur ses recherches vers le port de Vielle, en suivant la crête des Pyrénées et passant par le village de Nethou et celui de Senet, on trouve d'immenses pâturages qui couvrent un sol formé de schiste argileux. Mais avant d'arriver au port de Vielle par ce même revers méridional, on rencontre des blocs énormes de granit.

Au milieu de ces solitudes, on est étonné de trouver un grand et bel édifice; c'est l'hôpital de Vielle, qui, suivant M. Léon Dufour, est une auberge très-bien approvisionnée, ayant un logement convenable et des écuries assez vastes pour contenir une soixantaine de mulets.

Le voyageur y trouve, selon le même naturaliste, un abri sûr et commode; les gens pauvres et les malades y sont recueillis gratuitement. Les secours spirituels n'y manquent pas non plus. Il y a une chapelle, et un prêtre à demeure pour la desservir. Situé à la base méridionale, l'hôpital de Vielle est une magnifique station pour l'observateur. C'est de ce point, suivant M. Reboul, qu'il faudrait se diriger pour tenter, avec des probabilités de succès, l'escalade du Pic de Nethou.

Après l'Hôpital, on monte par un sentier très-fréquenté au port de Vielle, ayant à l'ouest les Pics de Nethou et de la Maladetta, des couches de schiste noir, dur et compact s'offrent ici aux yeux de l'observateur. Au milieu de cette roche schisteuse, on trouve souvent intercalées des masses d'un calcaire blanc à cassure brillante.

On peut voir ensuite, dans mon essai sur la minéralogie des Monts-Pyrénées, que les montagnes qui dominent la vallée d'Aran sont de même principalement composées de granit, de schiste et de chaux carbonatée.

La même formation alternative de schiste argileux et de pierre calcaire se montre dans d'autres parties du côté de l'Espagne, on y trouve aussi du granit.

Descendons dans la vallée de Bielsa qu'arrose la Cinca, nous trouverons la même composition ; elle a lieu pareillement dans celle de Gistaun qui lui est parallèle ; la première est remarquable par les minières de fer spathique, de plomb sulfuré qu'elle renferme, et la seconde par les mines de Cobalt, substance minérale employée dans la fabrication de la belle couleur bleue : nous y verrons pareillement des compositions mixtes, c'est-à-dire, des montagnes formées, en général, de couches inclinées de schiste argileux et de chaux carbonatée, contiguës dans plusieurs endroits aux roches de granit, comme on peut s'en convaincre aux environs de l'hôpital de Bielsa.

On trouve pareillement au sommet du port de Plan, du schiste, et plus bas du granit qui, dans certains endroits, est couvert de chaux carbonatée.

Quelques observateurs rapportent qu'il en est de même au val de Venasque, situé au pied de la Maladetta, montagne granitique, fière de surpasser en élévation les plus hautes cimes des Pyrénées, et dont on trouve une curieuse description dans les lettres que M. Léon Dufour m'a fait l'honneur de m'adresser, et qui sont insérées dans l'intéressant voyage souterrain du plateau de Saint Pierre de Maestricht, par M. Bory de St=Vincent, membre de plusieurs sociétés savantes.

On rencontre au port de Venasque des couches de schiste argileux.

La citadelle de cette ville est bâtie, suivant le rapport de M. de Charpentier, sur des couches calcaires au milieu desquelles coule l'Essera, rivière qui produit d'excellentes truites.

Le même naturaliste a remarqué au sud de Venasque les couches de chaux carbonatée qui sont mêlées, de distance en distance, de couches de schiste argileux : cette position respective ne diffère pas de celle qu'on observe sur le revers septentrional des Pyrénées.

Les montagnes qui dominent le val de Venasque, forment une des parties les plus intéressantes des Pyrénées. On y distingue surtout les montagnes maudites dont nous devons de savantes descriptions à MM. Ramond, Léon Dufour et Reboul.

Mais si tout est grand et majestueux dans leur structure, et les cimes glacées qui les couronnent, il faut convenir que l'étroite circonscription qui environne cet ouvrage merveilleux de la nature est bien peu digne d'une pareille destination : car en faisant mention de Venasque, on doit se rappeler la plaisante remarque de M. Ramond, qui dit que le comté de ce nom est tout ce qui reste à son district de l'antique honneur d'avoir formé à lui seul le royaume de Ribagorce, dont le monarque pouvait, dans le jour de sa colère, mettre sur pied une armée de 4 ou 500 hommes. *Observations faites dans les Pyrénées*, p. 191.

Au sud du port de Venasque, après une heure de marche, on rencontre du granit.

La gorge de Saon présente des couches de schiste argileux et de chaux carbonatée, au milieu desquelles on distingue du marbre rougeâtre.

Franchissons vers le nord le port de Vielle ; les montagnes nous offriront aussi des roches calcaires, des schistes argileux et du granit. Ces montagnes sont remarquables sur le revers méridional par les eaux thermales de Caldes ; leurs flancs sont ombragés de pins, de sapins et de hêtres.

Approchons de la source de la Garonne : elle sort d'une roche calcaire, fortement mêlée de schiste argileux, à Notre-Dame de Mongarra, dans la vallée de Noguera de Pailleressa, dont nous allons donner une courte description, d'après le rapport de quelques-uns de ses habitans, en attendant que d'autres observateurs fassent mieux connaître cette partie méridionale des Pyrénées.

Si l'on pénètre dans la vallée que cette rivière arrose et qui se prolonge du nord au sud, on voit dans les montagnes qui la bordent des couches de schiste argileux, renfermant des ardoisières : on y rencontre aussi de la pierre à chaux ; cette formation continue jusqu'au déboucher des montagnes. La rivière de la Noguera de Pailleressa roule en outre des blocs de granit : on les emploie pour des meules de moulin. Ils se nomment, en Espagne, *carbadious*, et dans nos montagnes de Béarn, *peyre mouliaou*.

Nous allons passer dans la vallée de Cardous, parallèle à la précédente, et dans laquelle un grand nombre de goîtreux attristent l'ame de l'observateur ; il ne découvre point, au sein de ces montagnes, l'agilité ; le courage et la hardiesse que les habitans de la Catalogne montrent dans les autres parties de cette belle province, où la peste a naguères exercé les plus cruels ravages. Sujets aux écrouelles, ces montagnards sont en général faibles et languissans, et n'ont aucune disposition pour le travail. Un grand nombre de ces êtres malheureux franchissent, à la fin de l'automne, les Pyrénées, ayant pour chaussure de gros et pesans sabots ; ils s'appuient sur de longs bâtons, et sont couverts d'un long manteau d'étoffe grossière. Leur tête est ombragée d'un énorme chapeau. Il semble que ce costume devrait peu convenir à des montagnards qui traversent des lieux très-escarpés.

Ces individus, doux et paisibles, se répandent dans le Béarn, non pour gagner par leur industrie de quoi subsister, comme les montagnards Aragonais par de rudes travaux, mais seulement pour mendier. Ils n'amènent point ordinairement leurs

enfans ni leurs femmes, ainsi que les précédens.
Ils retournent au printemps dans leur patrie pour
faire la récolte des grains qu'ils ont semés avant
leur départ : ils reviennent toujours à la même
époque comme les oiseaux de passage.

Quoiqu'il en soit, on trouve dans la vallée de
Cardous, beaucoup de couches de schiste argi=
leux, au milieu desquelles on a ouvert des ardoi=
sières ; celles de Ladrous sont réputées les plus
abondantes. On y voit aussi de la pierre calcaire
et des blocs de granit dans le lit de la Noguera de
Cardous.

Plus bas, en s'éloignant du sein des Pyrénées,
on continue de s'engager du côté du sud dans une
région calcaire, au milieu de laquelle sont situées
les communes de Sort et de Gerri ; cette dernière
est remarquable par une fontaine salée où l'on fa=
brique le sel, en exposant au soleil l'eau conte=
nue dans un réservoir ; on découvre, en outre,
du gypse dans ce terrain de chaux carbonatée,
dont la formation paraît avoir beaucoup de rap=
port avec celui de Salies en Béarn.

Descendons du port de Siguier dans la vallée
d'Andorre, département de l'Ariège ; il y a des
montagnes qui, composées de couches de schiste
argileux, contiennent des ardoisières : ces schis=
tes sont situés à la Cornidada, près d'Ordino, à
la Massana, etc. M. de Charpentier a pareille=
ment observé les schistes du port de Siguier.
Cette vallée est encore remarquable par ses eaux
thermales, connues sous le nom de Caldes.

On remarque des fours à chaux à St-Antoni,
près la Chapelle, etc.

Les observations rapportées ci=dessus, doivent
suffire pour nous convaincre que la roche calcaire,

analogue à celle du Mont-perdu et des protubérances adjacentes, ne continue pas à se montrer
aussi abondamment du côté de l'est, sur les hautes crêtes qui servent de limites aux deux empi-
res qu'elles séparent depuis le Mont=Perdu, et
qu'on y remarque, au contraire, une succession
alternative de couches de schiste argileux et de
carbonate de chaux fréquemment accompagnées
de roches granitiques.

Enfin, si nous nous rapprochons davantage des
bords de la mer Méditerranée, nous remarque-
rons encore la même rareté de couches calcaires :
on l'observe principalement dans les roches feuil-
letées des montagnes au pied desquelles s'ouvre
le port Vendres, *Venus Pyrenea*, que Dupiner
traduit par *Porto-Vendré*. Il en marque la situa=
tion où était jadis le fameux temple de Venus=
Pyrénée, dont parle Mela, l. c. 5. *Tum inter
Pyreneæ promontoriæ portus veneris insignis
fano.* D'autres auteurs placent Venus-Pyrénée au
cap de Creuz.

J'espère qu'on m'excusera d'autant plus d'avoir
multiplié les preuves des différentes formations,
qu'on observe dans les Pyrénées, que ces détails
font connaître la nature des roches de plusieurs
parties de cette chaîne ; ils peuvent être envisagés
comme supplément à mon essai, ouvrage qui comprend la description minéralogique de toute la partie septentrionale des Pyrénées, depuis l'Océan jusqu'à la mer Méditerranée ; mais où je n'ai point
fait mention des matières qu'on trouve sur le revers méridional, avec l'étendue que cette contrée
montagneuse demande.

D'ailleurs la manière dont **M. Malte Brun** s'exprime dans le Journal des Débats, du 31 octobre

1821, est pour moi un puissant motif qui m'encourage à les ajouter en forme de mémoire à ceux que j'ai déjà publiés.

Si les traités généraux, dit ce célèbre observateur, sont utiles pour fixer l'état des connaissances pour en répandre le goût, pour aider le penseur dans ses méditations, c'est par les mémoires particuliers que les sciences font des progrès, soit en se débarrassant des erreurs, soit en s'enrichissant de vérités nouvelles, la description spéciale d'un terrain remarquable (et quel terrain ne l'est pas?), est un des services les plus réels qu'on puisse rendre à la géologie.

En même-tems que je terminais ce mémoire, où j'ai rapporté quelques observations minéralogiques faites dans les terrains dépendans du département de l'Ariège, les nouvelles publiques ont appris le malheur survenu dans les mines de fer du Rancier, situées dans les montagnes de Vicdessos : il prouve à combien de dangers s'expose l'homme qui pénètre dans le sein de la terre pour en extraire les métaux qu'il récèle. Voici ce qu'on lit dans les journaux du 4 novembre 1821.

« Le département de l'Ariège vient d'être un moment consterné par un événement terrible, qui, pendant plusieurs heures, a fait craindre pour la vie de soixante cinq ouvriers employés aux mines de Rancié; mais qui, par un effet de la Providence, n'a laissé aucune perte à déplorer.

» Le 24 octobre, un éboulement affreux a eu lieu vers midi dans la galerie de l'Oriette, et soixante-cinq mineurs, occupés aux travaux de l'intérieur, ont été séparés des restes de l'office : on avait même à craindre, ou qu'ils eussent été ensevelis sous les masses énormes entraînées par l'éboulemeut, ou que les mineurs du dehors ne pussent leur apporter que des secours tardifs. La désolation était générale ; et la population des hameaux voisins, accourue à la première annonce de ce déplorable accident, ajoutait encore, par ses cris à l'horreur de cette situation.

» Informés de cette catastrophe, M. Vergniés-Bouschère, maire de Vicdessos, et M. Thibaud, ingénieur des mines, se sont de suite transportés sur les lieux. Les déblais avançaient lentement ; leur présence a doublé le zèle des mineurs, et leurs conseils, le résultat de leurs travaux. A deux heures du matin, on a acquis la rassurante certitude que les malheureux renfermés dans l'intérieur travaillaient dans la même direction que leurs camarades du dehors : à trois heures, on a pu se faire entendre réciproquement.

Enfin, à quatre heures, un dernier effort a donné un léger percement au travers duquel on a reçu l'assurance qu'aucun mineur n'était même blessé. Une heure après, ces infortunés ont été tous rendus aux embrassemens de leurs compagnons et de leurs familles ; et la joie la plus pure a succédé au plus grand désespoir. Il a fallu percer un boyau de trente=sept mètres de long, et les mineurs de l'intérieur en ont fait vingt-cinq ».

SUITE DES OBSERVATIONS

CONCERNANT

LA HAUTEUR DE PLUSIEURS SOMMETS

DES MONTS-PYRÉNÉES,

INSÉRÉES DANS MES MÉMOIRES

PUBLIÉS EN 1819.

I.

M. Flamichon, ingénieur-géographe, voulut bien, d'après ma demande, s'occuper à déterminer, par des opérations trigonométriques, la hauteur des montagnes les plus remarquables que l'on se plait à contempler de Pau : cette sorte d'opération n'avait encore eu lieu dans les Pyrénées, que relativement au Canigou, au Mont-Mosset, à Bugarach, à la Massane et à la montagne de Saint-Barthelemi, que lorsqu'on commença à dresser les cartes de France, dites de l'observatoire ou de Cassini.

Plusieurs des sommets, dont la hauteur a été déterminée, et d'autres qui n'ont pas encore fixé l'attention des physiciens, paraissent de mon habitation d'Ogenne, située près de Navarrenx.

La montagne aride et calcaire d'Orhi se montre, au soleil, d'environ une heure ;

Le pic calcaire d'Anie, au soleil, de 11 heures 52 minutes ;

La montagne granitique de Jave, au-dessus des Eaux-Chaudes, au soleil, de 11 heures 10 minutes;

Le pic calcaire de Ger qui domine les Eaux-Bonnes, au soleil, de 10 heures 35 minutes;

Le pic calcaire de Gavisos, à 10 heures 25 minutes. Il est situé à l'extrémité supérieure de la vallée d'Asson;

Une haute montagne des environs de Gavarnie, au soleil, de 10 heures;

La montagne granitique de Neouvielle, au soleil, de 9 heures 50 minutes;

Le Pic du Midi de Bagnères, au soleil, de 9 heures 30 minutes. Il est formé de couches de schistes argileux, de chaux carbonatée, de gueif, mêlées quelquefois de granit.

Les nombreuses cimes, dont la crête des Pyrénées est hérissée, donnent la tentation perpétuelle de les gravir. J'ai essayé, moi-même, plusieurs fois, de faire, au moyen du baromètre, des expériences à ce sujet; mais des accidens survenus à cet instrument durant mes courses, ainsi que la difficulté de le remplacer ou de le faire réparer dans le département des Basses-Pyrénées, où je réside, m'ont obligé de renoncer, non sans beaucoup de regret, à de pareilles observations.

Désirant néanmoins mettre principalement sous les yeux des physiciens la différence que l'on observe entre les expériences de M. Flamichon et de M. Laroche, ingénieur des ponts et chaussées, qui conteste leur exactitude relativement au Pic du Midi de Bigorre, je vais rapporter ici les calculs sur lesquels il se fonde : ils sont extraits d'une lettre adressée de Saint=Clar, à M. Flamichon, et que ce dernier a bien voulu me communiquer.

« J'ai calculé, dit M. Laroche, mon nivelle-
» ment jusqu'ici; je suis à 1083 toises 4 p. 11" au-
» dessous des pierres Saint=Martin. D'ici à la mer,
» on compte 32 lieues de Gascogne; et par le
» circuit de la rivière, on peut en mettre 40 de
» 3000 toises chacune; ce qui fait 120,000, en
» donnant à notre petite rivière et à la Garonne,
» dans laquelle elle se jette, une pente de deux
» tiers de ligne par toise; on aurait 92 toises 3
» p. 6 p. 8 l. qui, ajoutés avec 1083 4' 11" don=
» nant 1176 3' 5" 8"'; mais le Pic du Midi est
» au=dessus de St=Martin de 424 4 p.; tout cor-
» rigé de la réfraction terrestre, nous aurons
» donc 1601 0' 5" 8"'.

» Si l'on disait que ma supposition de deux
» tiers de ligne de pente pour nos rivières jusqu'à
» la tour de Cordouan, est trop forte, je répon-
» drai que la Loire a un tiers de ligne à Saumur :
» la Garonne en a sûrement davantage; mais veut-
» on qu'elle n'ait que demi=ligne, nous aurons
» toujours le Pic du Midi à 1577 5' 7" au-dessus
» de la mer. J'avais raison de le dire, de cent
» toises plus haut que le Canigou.

» Voyons par le Gave de Pau et l'Adour :

» Lourde est plus bas que les Pierres Saint=
Martin, de. . . . . 967 3' 4" 5"'

» Les Pierres sont plus bas=
ses que le Pic du Midi de. . . 424 4

_____

1392 1' 4" 5"'

Ce total est presque celui que vous lui avez
» donné depuis le pont de Pau; cependant de
» Lourde à Pau, il y a, par la carte, environ
» 24,000 qui, à 3 lignes au moins (dans la

» plaine d'Argelés la pente est de 5 lignes), don-
» nent. . . . .   83ᵗ 2. o.
  » De Pau à Berenx. . . . .   63ᵗ 4.
» De Berenx à la barre de Bayonne ,
» 38,700ᵗ par la carte , à une ligne
» par toise (de Pau à Berenx 30,000
» par la carte), la pente est d'une
» ligne 10 points. 44ᵗ 4ᵖ 9ᵖ

  » De Lourde à la barre. 191ᵗ 4ᵖ 9ᵖ
  » Du Pic à Lourdes ci-dessus. . . 1392ᵗ 1ᵖ 4ᵖ 5ˡ

TOTAL. . . 1584ᵗ oᵖ 1ᵖ 5ˡ

» Mes suppositions par le Gave ou par la Ga-
» ronne, qui paraissent plausibles, s'accordent
» à peu de chose près. Il s'en suivra toujours que
» le Pic du Midi aura près de 1600 toises au-des-
» sus du niveau de la mer.
  » Quand votre amitié pour moi vous aura fait
» prendre la peine des nivellemens de la place de
» Lourde à Pau, et de Berenx à la barre de Bayon-
» ne, nous aurons juste ce que nous cherchons.
  » Reste toujours qu'il y a erreur dans Palassou
» pour la hauteur du Pic, de toute la pente de
» Lourde à Pau, et plus, qui peut aller à près
» de cent toises.
  » Je suis autant sûr que je puis l'être, avec
» un instrument de 10 pouces de diamètre, de
» la hauteur que j'ai calculée des Pierres Saint-
» Martin au Pic du Midi, corrigée de la réfrac-
» tion, et en y appliquant la solution de M. Bou-
» guer (la figure de la terre p. 117 et 118), mais
» pour plus de certitude, vous pouvez, en vous
» amusant un beau jour, prendre l'angle de hau-

» teur sur le pont de Pau ; et comme votre gra
» phomètre n'a pas de ligne à plomb, au moin
» assez juste, vous pourriez, avec le niveau d'eau
» établir à...... du pont, un signal qui fût de ni
» veau avec le fil de votre lunette. Alors vou
» auriez l'angle tel qu'il vous paraîtrait ; il ser
» facile de calculer le triangle en faisant usage d
» la réfraction terrestre, ayant la base du collég
» de Pau au Pic du Midi : elle sera différente su
» le pont ; mais on peut aisément la calculer e
» prenant l'angle horizontal au pont et celui d
» collége. *Lettre de M. Laroche.*

I I.

On voit, par ce que nous venons de rapporter
qu'il faudrait ajouter environ 100 toises aux hau
teurs déterminées par M. Flamichon, dont l'er
reur semblerait prouvée par le nivellement de M
Laroche, depuis les Pierres Saint=Martin jus
qu'au marche=pied de la croix de la place de Lour
de. Je l'insère ici tel que cet ingénieur l'a commu
niqué à M. Flamichon.

« Pierres Saint=Martin. . .   000   point de p.ᶜ
» Sôcle de l'église de Gavarnie 456ᵗ 5p. 4p. 2 l
» Point de niveau avec Barè=
» ges, fait de la maison de
» Couret à la mine. 535ᵗ 2p. 2p. 9l
» Pierre marquée au pied du
» clocher de Gèdre. 651ᵗ 1p. 10p. 5l
» Sôcle de l'église de Lus. . 802 3p. 7p. 11l
» Village de Pierrefitte. . . 918ᵗ 4p. 11p. 11l
» Dernière marche de la
» croix d'Argelés. . . . . . 937ᵗ 1p. 3p.
» Pont=Neuf de Lourde. . 971ᵗ 5p. 6p. 1l
» Croix de la place de Lourde
» au marche=pied. 967ᵗ 3p. 4p. 5l

Malgré le nivellement de M. Laroche, les opérations de MM. Reboul et Vidal, nous autorisent néanmoins à croire qu'il ne faut pas ajouter 100 toises d'élévation aux calculs de M. Flamichon. Il faut donc présumer que la cause de l'erreur de M. Laroche, doit se trouver dans l'évaluation de la hauteur prise des Pierres Saint-Martin au Pic du Midi de Bigorre, et qu'il a calculée avec le secours du graphomètre. Car, selon le nivellement de MM. Vidal et Reboul, le Pic du Midi de Bigorre se trouve élevé de 1295 toises au-dessus de Lourde, chapelle Notre-Dame. La hauteur du même Pic, suivant M. Laroche, est de 1391 toises au-dessus du niveau de la même ville. Savoir, 967 toises d'élévation depuis le marche-pied de la croix de la place de Lourde jusqu'aux Pierres Saint-Martin, mesure déterminée par le nivellement, et 424 toises depuis les Pierres Saint-Martin jusqu'au Pic du Midi de Bigorre, hauteur fixée au moyen des opérations trigonométriques ; l'estimation de M. Laroche est donc plus forte de 96 toises que celle de MM. Reboul et Vidal, qui se rapprochent davantage du résultat des observations de M. Flamichon ; moindre par conséquent que M. Laroche ne la supposait.

Je laisse à des physiciens plus instruits, le soin de vérifier l'exactitude de M. Flamichon et de quelques autres savans.

RÉSULTAT *des opérations faites par* M. FLAMICHON, *sur un bassin d'eau stagnante, au niveau du Gave, vis-à-vis le couvent des Capucins de Pau.*

NOMS des objets dont on a observé l'angle d'élévation au-dessus du niveau dudit bassin.	ANGLES d'élévation au-dessus de la surface du bassin.	DISTANCE du point d'observation aux objets.	HAUTEUR apparente.	HAUTEUR réduite au niveau vrai.	HAUTEUR vraie; la réfract.n de la lumière, corrigée.
Pic de Midi de Bagnères............	2. 28. 30.	29,422 t.	1271 t. ¹⁄₂	1405 t.	1391 t.
Pic de Gabisau, vallée d'Asson........	3. 18. 30.	20,580	1190	1255	1248
Pic d'ou Rey près Loubie, vallée d'Ossau.....	2. 47. 00.	12,480	607	626	620
Pic d'Anie près Lescun, vallée d'Aspe........	2. 34. 00.	24,655	1034	1128	1119
Gros Pic du Midi, vallée d'Ossau...........	2. 54. 15.	25,850	1312	1418	1407
Le même Pic de Midi, par un triangle vertical, dont la base de 186 pieds et la hauteur de 9 p. 5 p. 6 l., ont été mesurées à la toise..		Longueur de la base. hauteur du triangle. 186 pieds 9 p. 5 p. 6 l.	1314 t. ¹⁄₂	1420 t. ¹⁄₂	1409 t. ¹⁄₂

Nota. Pour corriger la réfraction de la lumière, on a diminué l'angle d'élévation apparente d'environ quatre secondes par mille toises de distances. On n'est pas assuré si cette méthode est juste; il est bon de la faire vérifier par quelques savans, ainsi que les autres calculs dans lesquels il pourrait s'être glissé quelques erreurs.

On estime que le bassin sur lequel on a opéré est élevé de 70 à 80 toises au-dessus du niveau de la mer. On se propose de le vérifier par un nivellement particulier de Pau à Bayonne. On se propose aussi de prendre à Bayonne l'angle d'élévation du Pic d'Anie au-dessus de la mer. On connaît sa distance. Cette montagne est visible de Bayonne. C'est le moyen de vérifier les opérations.

III.

Attentif à présenter dans mes Mémoires, relatifs à l'histoire naturelle des Pyrénées, le résultat des opérations de plusieurs savans, qui se sont occupés à déterminer la hauteur des montagnes, j'espère qu'on me saura gré d'insérer ici celui qu'on trouve dans les estimables ouvrages, connus sous le titre de description des Pyrénées, par M. Dralet, et du guide des voyageurs à Bagnères. Cette indication jointe à celles qui sont rapportées dans mes Mémoires, complettent l'énumération des hauteurs déterminées dans les Pyrénées jusqu'à ce jour.

Elévation de plusieurs lieux situés dans les Pyrénées, calculée d'après des observations barométriques.

Au-dessus du niveau de la mer.

Sainte-Croix, petite commune du Cousserans. . . . . . . 246 mètres.

Marquet Victor.

Tarascon. . . . . 432 m.

Marquet Victor.

Massat. . . . . 590 m.

Dardenne.

Viella. . . . . 801 m.

Un voyageur.

Baguères de Luchon, port Vénasque. . . . . 1861 m.

Voyageur.

Lac de Séculejo. . . . . 1266 m.

Lac d'Espingo. . . . . 1631 m.

Voyageur.

Port de Peyre-Sourde. . . . . 1357 m.

Voyageur.

Au-dessus du niveau
de la mer.

Lac d'Escoubous................ 1024 m.
Voyageur.

Saint=Sauveur................:....... 563 m.
Voyageur.

Gèdre,........................... 545 toises.
Moisset.

Coumélie........................... 1547 m.
Voyageur.

Cascade de Gavarnie........... 1270 p. de h.^{r}
Vidal et Reboul.

Breche de Roland paraît être à. 1560 toises.
Chapelle de Héas............... 752 toises.
Moisset.

Le Cirque de Estaubé.......... 1599 m.
Voyageur.

Port de Pinède.................. 1859 m.
Voyageu.

Port=Vieux....................... 1797 m.
Voyageur.

La ville de Foix................ 374 m.
Marquet Victor.

Saint=Girons..................... 412 m.
Marquet Victor.

Les ports du centre de la chaîne
ont une élévation de..... 11 à 1200 toises.
Saint=Lary est élevé de....... 686 mètres.
Voyageur.

Les lieux habités les plus élevés des Pyrénées
sont Barèges qui est 1290 mètres au-dessus du
niveau de la mer; Gèdre, à 1064; Gavarnie, à
1444; la Chapelle de Héas, à 1465 mètres, et
Mont-Louis qui, suivant les hauteurs du voyage
pittoresque de la France, est d'environ 800 toises
au-dessus du niveau de la mer. On sait que cette
ville est en même temps une place forte à la droite

du Col de la Perche, avec une bonne citadelle que Louis XIV fit bâtir en 1681, et fortifier par Vauban.

Il résulte, en outre, des expériences que M. Cordier a faites avec le baromètre, que le port de Venasque s'élève à une hauteur absolue de 1281 toises : 688 toises au=dessus de Bagnères de Luchon.

Le même naturaliste estime que la Maladetta a 1671 toises de hauteur absolue. Elle est moins élevée, dit=il, de 24 toises que le Mont-Perdu. M. Reboul, au contraire, l'a fixée à 1787 toises. M. Cordier rapporte que l'hôpital de Bagnères de Luchon a 694 toises au=dessus de la surface de la mer ; 381 au-dessus de Bagnères.

Il présume que Tarbes est à 164 toises au-dessus du niveau de la mer, et Bagnères de Luchon à 313 toises.

Hauteurs des principaux pics, ports ou passages des Hautes-Pyrénées, calculées par M. Ramond.

1.° D'après les nivellemens faits par les ingénieurs Flamichon et Moisset, depuis la barre de Bayonne jusqu'à Pau, Lourdes et Tarbes ;

2.° D'après un nivellement fait en 1776 par MM. Monge et Darcet, depuis Luz jusqu'au sommet du pic d'Ayré ;

3.° D'après le nivellement de MM. *Vidal* et *Reboul* ;

4.° D'après plusieurs opérations trigonométriques faites par les mêmes aux sommets du pic du midi de Neouvielle et du pic de Bergons ;

5.° D'après deux triangles calculés par l'auteur,

5

pour vérifier la position du pic d'Arbison, du pic Montaigu et de la Pene de Lheyris, relativement au Pic du Midi ;

6.º Enfin, d'après une longue suite d'observations barométriques faites par l'auteur, en commun avec M. *Dangos*.

	mètres.	toises.
1.º Le Pic du Midi.	2923	1506
2.º Le pic Montaigu.	2376	1219
3.º Le pic d'Arbison.. . . .	2885	1480
4.º Le pic d'Ayré.	2469	1267
5.º Le pic d'Eretlids.. . . .	2358	1210
6.º Le pic d'Estrade.. . . .	2742	1375
7.º Neouvielle.	3155	1619
8.¹ Le Pic-long.	3251	1668
9.º Le pic de Bergous. . .	2113	1084
10.º Le Piméné, environ. .	2923	1506
11.º Le Mont-Perdu. . . .	3436	1763
12.º Le Cylindre.	3332	1710
13.º 1.ʳᵉ tour de Marboré. .	3188	1636
14.º Brèche de Roland. . .	2943	1570
15.º Vignemale.	3356	1722

Voici ce que M. de Charpentier rapporte dans le mémoire sur le terrain granitique des Pyrénées. Le port d'Oo est un col sur le faîte de la chaîne centrale, au fond de la vallée de Larboust, qui y porte le nom de la vallée d'Oo ; il correspond à une petite vallée non habitée, latérale de celle de l'Essera en Aragon, nommée Astos-de-Benasque. Ce passage est après celui de la brèche de Roland, le plus élevé des Pyrénées ; car l'observation barométrique m'a donné 1540 toises ou 3002 mètres pour la hauteur de la sommité du port au-dessus de la Méditerranée, p. 6.

I V.

Au reste, je crois ne devoir pas laisser ignorer
à ceux qui s'occupent de la hauteur des montagnes,
qu'elle n'est pas précisément toujours la même :
ne pouvant échapper aux ravages du tems, leurs
cimes se dégradent, s'abaissent ; cette destruction doit par conséquent mettre de la différence
dans les résultats des expériences des physiciens.
M. Flamichon rapporte que dans un seul éboulement, le pic d'Arlas, qui s'élève à l'extrémité méridionale de la vallée de Baretous, perdit plus de
cent pieds de son élévation. Les immenses débris
accumulés au pied du pic du midi d'Ossau, prouvent que son énorme masse diminue.

Les Alpes offrent aussi des exemples d'une pareille destruction. Au mois de juin 1714, la partie occidentale de la montagne dite les Diablerets,
pas loin de St-Maurice en Valais, tomba subitement et tout à la fois.... Ses débris causèrent de
grands ravages et couvrirent au moins une lieue
carrée. *Théorie de la surface du globe.*

Peu d'années avant la révolution Française, il
y eut un si grand éboulement dans un des pics de
Gavisos, situé au sein des Pyrénées, vers la région
supérieure de la vallée d'Asson, qu'une partie de
son énorme masse diminua beaucoup. Le fracas
épouvantable occasionné par la chute des rochers,
retentit dans toute l'étendue du val solitaire
d'Azun, pays charmant, trop peu connu et qui
mérite néanmoins de l'être.

En effet, on ne sait ce qu'il faut admirer le
plus, ou de l'étonnante régularité des couches,
dont les montagnes qui l'environnent sont formées, ou des beautés pittoresques d'un tableau

qui , quoique resserré dans un moindre cadre , représente , en quelque sorte , celles que la nature libérale a répandues dans les vallées de Lavedan , de Campan , de Bagnères de Luchon , etc.

Quoique les montagnes qui s'élèvent autour du val d'Azun soient plus élevées que celles d'Aspe et d'Ossau , leur hauteur n'a point encore été déterminée ; les géologues ont seulement vu de loin les pics nombreux sur lesquels ils tenteront certainement de monter ; car on envisage , comme une sorte de gloire , de gravir sur les plus remarquables ; mais il faut en convenir, on l'entreprend quelquefois avec plus de courage que de succès.

En effet, M. Ramond, membre distingué de l'Académie royale des sciences, M. Ferrière , botaniste de Toulouse , M. Léon Dufour , correspondant de la société philomatique et de la société Linnéenne de Paris , etc. , M. Cordier , inspecteur des mines, M. Marsac, de Toulouse , et M. Perrot , voyageur russe , ont entrepris de monter jusqu'à la cime granitique de la Maladetta , qu'on regarde comme la plus haute des Pyrénées ; mais quoique pleins d'ardeur et de courage, ils n'ont pu qu'en approcher. Des roches pointues , effilées , tranchantes, des neiges et des glaces éternelles , ne permettent pas à l'observateur d'aller interroger la nature sur des aiguilles pierreuses où le pied de l'homme ne trouve point l'espace nécessaire pour pouvoir s'y placer.

Le sommet calcaire du Mont-Perdu présenta de grands obstacles à M. Ramond ; cet intrépide et savant naturaliste dut d'autant plus s'en étonner, que les roides remparts , contre lesquels son audace avait deux fois échoué, sont en partie formés de dépouilles de corps marins; c'est ainsi que de grands effets s'opèrent par de

foibles moyens ; et de même que des récifs , formés d'imperceptibles polypes , deviennent quelquefois des écueils dangereux pour les navigateurs,
de même des entassemens de dépouilles marines
peuvent mettre en danger l'audacieux observateur qui ose entreprendre de gravir sur les plus
hautes cimes calcaires des Pyrénées.

Les pics d'Anie, du Midi d'Ossau, du pic du
Midi de Bigorre , les montagnes de Vignemale,
du Canigou, etc. sont plus accessibles et leurs
sommets offrent des points de repos.

Au reste, en désignant Vignemale , je crois devoir faire observer que le mot vigne signifie , dans
l'idiôme des habitans des Pyrénées, une haute
montagne escarpée ; ainsi Vignemale veut dire
montagne mauvaise.

Le couchet de la Vigne près de Gabas , dans la
vallée d'Ossau, à la droite du chemin qui mène à
la case de Broussette, est couvert de forêts de
sapins et de hêtres; mais la partie la plus élevée
est nue et n'offre que des pâturages.

Vigne est pareillement une haute montagne de
la vallée d'Aspe, située du côté de celle qu'on
nomme Scarpu.

Je crois devoir faire observer aussi , que suivant le rapport de M. Cordier , la Maladetta et le
Mont-Perdu sont situés au-delà de la chaîne centrale sur le territoire d'Espagne; il en est de
même , d'après M. Ramond, de la montagne de
Cerbellona , faisant partie de Vignemale et que
M. de Charpentier dit être granitique. J'ajouterai que la montagne calcaire d'Orhi, limitrophe
de la Soule , est pareillement située sur le territoire d'Espagne, quoiqu'elle n'ait , suivant M.
Juncker, que 1031 toises au-dessus du niveau

de la mer, hauteur à laquelle ne parvient néan=
moins aucune des crêtes de la partie de la chaîne
qui se prolonge depuis les montagnes de la Soule,
jusqu'à la mer Atlentique, ce qui comprend l'es=
pace de 34000 toises.

Avant de terminer ce chapitre relatif à la hau=
teur des montagnes, je crois devoir faire obser=
ver que, suivant le rapport de plusieurs physiciens, l'air qu'on respire à de grandes éléva-
tions, cause quelquefois de graves accidens. Un
chasseur d'Isards qui montait à la Maladetta avec
M. Ramond, fut obligé de s'arrêter à une certaine
hauteur, fort incommodé des vertiges et des
maux de cœur que l'air des montagnes occasionne
en certaines circonstances. Voici comment M.
Dralet s'exprime à ce même sujet.

« Les personnes qui voyagent dans les hautes
» montagnes, sont sujettes aux hémorragies, aux
» vomissemens et aux défaillances ; mais ces in=
» commodités arrivent rarement, à moins qu'on
» ne s'élève à deux mille toises au=dessus du ni-
» veau de la mer. Les artistes qui furent emplo-
» yés, en 1700, à construire sur le Canigou une
» pyramide, pour déterminer la méridienne,
» n'éprouvèrent aucun accident; MM. Vidal et
» Reboul ont passé trois jours et trois nuits au
» sommet du Pic du Midi de Bigorre sans aucune
» incommodité; j'en ai été toujours exempt,
» ainsi que mes compagnons de voyage, non=
» seulement au même pic, mais aussi sur les crêtes
» les plus élevées qui séparent la France de l'Es=
» pagne. M. Ramond n'a éprouvé aucun mal-aise à
» la calotte du Mont=Perdu : cependant quel=
» ques voyageurs ont été incommodés dans les
» Pyrénées, même à des hauteurs médiocres. En

» 1741, M. Plantade, célèbre astronome du Lan-
» guedoc, mourut à l'âge de soixante-dix ans, à
» côté de son quart de cercle, sur la *Hourquette-*
» *des-Cinq-Ours*. Le commandeur Dolomieu, au
» mois d'août 1782, faillit y subir le même sort;
» il fut atteint d'un violent accès de fièvre qui
» l'empêcha d'arriver au sommet du Pic. M. de
» Puymaurin et M. de Lapeyrouse, ses compa-
» gnons de voyage, se trouvèrent un instant pres-
» que sans pouls; M. Dusaulx, avant d'arriver
» au plateau du Pic du Midi, sentit des éblouis-
» semens et une sorte de faiblesse, sans que ses
» compagagnons éprouvassent de tels accidens.
» Ces faits paraissent prouver, selon l'opinion de
» M. de Saussure, que la nature a fixé, pour le
» tempérament de chaque individu, la hauteur
» à laquelle il peut s'élever sans inconvénient et
» sans danger ». *Description des Pyrénées*,
tom. 1, p. 37.

Quant à moi, je ne me suis jamais trouvé incommodé à quelque hauteur où je sois parvenu
dans les Monts-Pyrénées.

Je borne ici, faute d'observations nouvelles,
le recueil des estimations que les physiciens ont
faites jusqu'à ce jour sur la hauteur d'un grand
nombre de montagnes des Pyrénées, et auxquelles je n'ai pu participer par les moyens ordinaires;
mais j'ai été un peu dédommagé de n'avoir pas eu
cette sorte de satisfaction, ayant avancé le premier, quoique sans instrument de physique,
que la montagne de la Maladetta était la plus
haute des Pyrénées.

Mon opinion était fondée sur la loi, assez généralement observée par la nature, que les montagnes qui se trouvent plus éloignées de la mer sont

les plus élevées et contiennent aussi la source des plus grands fleuves. Celles de la Suisse, des Grisons et du Valais sont les plus hautes de l'Europe, et c'est aussi dans leur partie la plus élevée que le Rhône, le Rhin et le Tésin prennent leur naissance.

L'accord que je crus voir entre ces principes et les observations que j'ai faites dans les Pyrénées semblaient m'autoriser à dire, en parlant des environs de Bagnères de Luchon : « Nous voici, » enfin, arrivés à la partie la plus haute des Py- » rénées ; on a vu ces montagnes s'élever à mesure » qu'elles s'éloignaient des bords de l'Océan ; les » rivières se sont ressenties de cette progression ; » leur volume d'eau a augmenté à proportion » de la hauteur des montagnes, d'où elles ti- » rent leur source. Le terrain des vallées a dû » pareillement s'agrandir, puisqu'elles sont l'ou- » vrage des torrens. La Garonne, sans contre- » dit, la plus grande rivière des Pyrénées, sert » à confirmer ces principes incontestables, de » même que la belle et large vallée qu'elle a for- » mée. Pour que l'on puisse mieux se convaincre » de la vérité de ce que j'avance, remontons le » cours du fleuve depuis Saint=Gaudens, et nous » ne verrons point de ces gorges longues, étroi- » tes, que les rayons du soleil éclairent à peine ». *Voyez l'essai sur la minéralogie des Monts=Pyré- nées.* p. 242.

Telle est la manière dont je m'exprimais en 1782 ; et depuis cette époque jusqu'à celle où M. Reboul a déterminé la hauteur de la Maladetta, aucun physicien ne paraît avoir tenté de nous donner cette estimation ; mais enfin, on a la satis- faction de la trouver invariablement fixée dans

l'intéressant mémoire que M. Reboul a publié relativement à la Maladetta, dans le Journal de Physique du mois de décembre 1822, où il s'exprime
comme il suit : « La hauteur de cette masse gra-
» nitique a été évaluée selon la moyenne des mesu-
» res trigonométriques prises soit par M. Vidal,
» soit par moi=même, à 1787 toises (3481 mèt.).
» Ce résultat établit la supériorité du Mont=Mau-
» dit sur toute la chaîne des Pyrénées, p. 417 ».

On a vu que d'après mes principes j'avais osé
hasarder ma conjecture sur la hauteur de la Maladetta. Ils sont presque les mêmes que ceux
dont M. Maltebrun a fait usage relativement à
d'autres chaînes de montagnes. Ce célèbre géographe suppose que les montagnes bleues de la
Nouvelle Hollande sont à peu près de la même
hauteur que le Mont Atlas, qu'il dit n'être que
des montagnes moyennes, puis qu'elles ne conservent guère des neiges perpétuelles; c'est aussi
par cette raison qu'elles ne donnent pas naissance
à de grands fleuves.

Mais, si à l'exemple des anciens nous placions
les montagnes qui s'élèvent sur le territoire d'Espagne, comme une suite de cette chaîne, la plus
haute serait le Cérro de Mulhaem à la Sierra=Ne-
vada dans la province de Grenade ; on dit que sa
hauteur est de 3531 mètres au=dessus du niveau
de la mer.

« Le Cerro est entièrement composé de forma-
» tions primitives d'une grande uniformité; on
» ne reconnaît cependant nulle part, le granite
» ni le véritable gneis : ce sont des micas schistes
» qui passent au gneis et aux schistes argileux,
» et qui renferme des bancs subordonnés d'eu-
» photide, de quartz et de grunsteins fréquens ;

» ce qui pourrait faire croire que toute la masse
» de ces montagnes appartient à la formation in-
» termédiaire ou de transition. » *J. de Physiq.*
janvier 1823.

M. Joseph Rodrigues, directeur de l'observatoire de Madrid, auquel on est redevable des détails précédens, nous apprend aussi que la plate-
forme de la tour de la cathédrale de Grenade est
à 784 mètres au-dessus du niveau de la mer, *ibid.*

MÉMOIRE

De M. l'abbé POURRET,

SUR DIVERS VOLCANS ÉTEINTS DE LA CATALOGNE,

Mis au jour par M. PALASSOU,

ET AUQUEL IL A JOINT QUELQUES OBSERVATIONS

SUR LA ROCHE

NOMMÉE OPHITE OU GRUNSTEIN.

Depuis long-tems M. Palassou s'occupe à recueillir des faits pour servir à l'histoire naturelle
des Pyrénées et des pays adjacens. M. Proust,
célèbre chimiste, membre de l'institut de France,
ayant eu la bonté de l'informer que M. l'abbé
Pourret avait observé des matières volcaniques
dans la partie de la Catalogne, contiguë à cette
chaîne de Montagnes, il s'empressa de prier ce
célèbre naturaliste, réfugié en Espagne, de lui
communiquer ses observations sur ces produits
des feux souterrains ; ce qu'il eut la bonté de
faire. Son rapport étant trop intéressant pour ne
point en donner connaissance à ceux qui se livrent à leur étude, M. Palassou espère qu'ils
lui sauront gré de cette publication, et de copier
littéralement le récit de ce bon observateur ; il ne
doute pas qu'il ne soit envisagé comme une des
productions les plus propres à donner quelque

prix, au recueil de ses mémoires concernant l'histoire naturelle des Pyrénées et des pays adjacens.

M. Palassou se plait encore à croire qu'on ne sera point fâché de trouver à la suite du mémoire de M. l'abbé Pourret quelques observations géologiques qui lui sont propres ; mais il commencera de mettre sous les yeux du lecteur le mémoire de ce célèbre botaniste de Narbonne, qui s'exprime de la manière suivante :

« Pendant son séjour à Barcelonne, M. l'abbé Pourret résolut de publier un essai d'histoire des volcans éteints de la Catalogne ; il en lut la première partie, dans différentes séances, à l'Académie des sciences de cette ville ; et appelé à Madrid en 1797, il en acheva la lecture à celle de la capitale, qui daigna en approuver l'impression ; mais faute de secours et de moyens, le manuscrit resta dans le porte-feuille de l'auteur, et l'accompagna avec ses autres écrits à Orense, pendant les dix ans de sa première retraite en Galice.

» Lors de l'invasion de cette province par l'armée de Napoléon, la maison de M. l'abbé Pourret, qu'il avait été obligé d'abandonner, fut saccagée : il perdit ses livres, ses papiers et ses nombreuses collections.

A cette douloureuse époque, celui-ci eut le chagrin de voir perdu, en un instant, le fruit presqu'entier de plus de 16 ans de travaux ; car, outre qu'il ne lui fût pas possible de retrouver ceux de ces manuscrits qui l'intéressaient davantage, l'extrême désordre où il trouva le reste, le lui a rendu presque tout-à-fait inutile.

» Sans ce malheur, il ne lui serait peut-être pas impossible de répondre, avec quelque exactitude, aux différentes questions de M. Palassou, et il ne se verrait pas réduit à la dure nécessité de se prévaloir uniquement de sa mémoire, sur laquelle il n'ose plus trop compter. Cependant, il se fera un vrai plaisir de dire succintement le peu qu'il croit que celle-ci peut lui fournir de ses anciennes réminiscences.

» Non-seulement on trouve des signes certains d'éruptions volcaniques dans toute la partie de la Catalogne, voisine des Pyrénées, mais les mêmes indices s'y répètent dans plusieurs endroits voisins de la mer, et sur une étendue de près de 12 lieues, observées depuis au-delà de Figuères, jusques en deça de Gironne, ainsi qu'aurait pu le remarquer M. Bowles, si, en général, il n'eût trop fait ses observations à la légère; car il paraît qu'il ne s'arrêta qu'aux environs de Ste-Selice.

« Les laves et ponces dont M. Proust a parlé à M. Palassou, seront sans doute la suite de celles que M. l'abbé Pourret déposa au cabinet minéralogique de Madrid, formé par M. Chreken-Herrgen, pour l'instruction de ses élèves; elles sont toutes des environs d'Olot, qui, sans contredit, est de toute la Catalogne, le pays le plus récemment volcanisé.

» Cependant, de toutes les montagnes volcaniques qui entourent cette petite ville, il n'y en a aucune dont l'origine ne remonte certainement à une date antérieure à l'année 1422, ou qui n'aient cessé d'être ignivomes, très-long-temps avant cette époque, de manière que l'on ignore sur quel fondement MM. Taudi et Maclure ont pu assurer que ce fût dans cette même année, que ladite ville fut détruite par une éruption volcanique.

» Il n'y a aucun doute qu'elle le fut de fond

en comble en 1427, par de fréquens tremblemens
de terre ; et que ses habitans au mois de septembre de la même année, obtinrent la permis-
sion de la rebâtir et de lui conserver le même
nom qu'elle avait depuis la plus haute antiquité.
M. l'abbé Pourret qui put à son aise puiser dans
les archives de cette ville, tous les renseignemens et notices dont il avait besoin pour son histoire topographique, n'y trouva pas un seul mot
qui indiquât qu'elle eut jamais été ravagée par
le feu.

» On ne saurait cependant pas se dissimuler
que tout son terrain fut antérieurement et plus
d'une fois, embrasé, et à des époques très-re-
culées l'une de l'autre, comme l'attestent la forme plus ou moins conservée des montagnes et
monticules qui l'entourent ; les grandes excavations qui ont été faites à leur pied, pour la construction de différens puits, et les monumens antiques qui ont été découverts dans ces profondes
excavations, pratiquées au sein d'une lave lui-
sante, d'un gris noirâtre, et plus dure que le
fer, dont elle a presque la couleur, ce qui la
fait appeler dans le pays, *piedra ferral*.

» Cette lave est assez abondamment parsemée
de très-petits fragmens d'une espèce de chryso-
lyte, à laquelle les Allemands ont donné le nom
d'olives, et qui jusques à présent n'a pas été
trouvée ailleurs en Espagne.

» En pratiquant les susdites excavations, tant
dans l'intérieur de la ville que dans les jardins du
dehors, situés à plus de vingt toises au-dessous
d'elle ; l'on se vit plus d'une fois arrêté par de
grandes boursouflures qui forment de spacieuses
cavernes, dont les parois luisans ont un certain

'aspect de machefer, ou ressemblent à certaines hemathites à mamelons, en forme de stalactites, elles se trouvent entrecoupées d'épaisses zones de cendres et de scories de lavès noires à leur base, et qui passent insensiblement à la couleur de la lie du vin à leur superficie. Elles paraissent identiques avec celles qui recouvrent la croute des montagnes qui conservent encore quelques restes de leur cratère, et ont reçu les injures de l'air.

» Sur le rapport de Mariana (hist. de Espana, lib. 20, chap. 4), le village d'Amer situé à 4 lieues de Gironne (et un peu plus voisin d'Olot), fut détruit en 1420, par une éruption volcanique, et les fréquens tremblemens de terre accompagnés de grands bruits souterrains qui, pendant long-temps se firent entendre jusques à Perpigna. Cette éruption volcanique doit être la plus récente que l'on ait vu en Catalogne, si toutefois ce ne fut pas à la même époque qu'eut lieu l'embrasement du *bosc de Tosca*.

» Ce bosc de Tosca est un grand terrain aride recouvert de scories, de laves toutes bouleversées, parmi lesquelles croissent encore quelques chênes verts antiques et rabougris ; il est situé à une demie lieue d'Olot, et les scories spongieuses qui sont parfaitement identiques avec celles qui recouvrent le sol d'Amer, portent à croire que l'embrasement de ces deux endroits put avoir lieu dans le même temps.

» Mais leur embrasement dut être comme superficiel au terrein qui est presque plat, et paraît n'avoir rien de commun avec les volcans éteints proprement dits, qui vomirent la lave et forment par-tout de celle-ci, des montagnes ou monticules coniques, plus ou moins aplatis, en raison de leur âge et de leur usure.

» M. l'abbé Pourret qui, sans fixer l'époque de la formation de ces montagnes, avait cru néanmoins pouvoir établir un certain ordre chronologique entr'elles, se trouve dans l'impossibilité de le retracer ici ; mais quoique confusément, il citera le nom de la plupart d'entr'elles.

Celle au pied de laquelle a été bâtie la ville d'Olot, s'appelle *el Monte Socopa*, à raison de sa sommité évasée, par son cratère qui subsiste encore. Elle est la plus récente de toutes ; et par sa position presque centrale, isolée, l'observateur, placé à son sommet, peut, sans se déplacer, voir et compter toutes les autres qui l'entourent successivement à 8, 9 lieues de circonférence. Celle-ci a environ 250 toises de circonférence, sur 80 d'élévation. Elle conserve encore la forme primitive qu'elle reçut lors de son embrasement : sa sommité n'est qu'émoussée par la culture, et la chute des eaux de la pluie, qui ont successivement entraîné dans le milieu du cratère, les scories de laves qui se trouvaient plus ou moins brisées sur ses bords ; de sorte qu'annuellement on voit le milieu de ce cratère s'élever en même-tems que ses côtés s'abaissent : il n'y a pas encore 40 ans, dit-on, qu'un homme, placé au milieu de ce bassin, alors beaucoup plus resserré, ne pouvait apercevoir aucun objet extérieur.

» Aujourd'hui, fixant ses regards du côté du nord, il distingue parfaitement au loin le sommet de quelques-unes des montagnes des Pyrénées : mesurant des yeux l'espace qui règne entr'elles et lui, il ne voit plus d'abord que des montagnes confusément adossées les unes aux autres ; enfin,

des collines plus ou moins arrondies, dont l'ins-
pection seule suffit pour lui faire juger qu'elles
ont dû leur origine à la même cause qui produisit celle où il se trouve placé, ainsi que des observations locales l'ont démontré.

» Tel est le *Poig sa Corona* et toutes les petites colines qui sont en dessous ; la montagne de
St.=Michel qui s'étend vers l'ouest et le Purg de
la *Garinada*, qui en se dirigeant à l'est, va presqu'aboutir à la montagne de *Batet*, qui peut être
considérée comme le volcan éteint le plus considérable des environs d'Olot : il est aussi un des
plus anciens ; car la montagne est presque partout
cultivée et a perdu la plus grande partie de sa
forme primitive. Mais dans ses ravins on découvre la masse de lave solide qui compose son noyau ;
et celle-ci descend jusque beaucoup au=dessous
du lit de la rivière de Fleuvia, où elle s'épure,
devient d'un grain plus fin, et ne diffère d'aucune manière des colonnes de basalte sur lesquelles est aussi le château de *Castell=Follit*, qui
n'en est éloigné que de deux lieues ; c'est au pied
de la montagne de Botet qu'a été bâti le petit
faubourg de la ville d'Olot, remarquable par ses
bufadous ou souflets à vent, dont il est parlé
dans la *Marca Hispanica*.

» S'il se retourne ensuite du côté du midi et
qu'il embrasse de ses yeux l'horizon qui règne entre le levant et le couchant, il voit en perspective, deux chaînes de montagnes calcaires, assez
voisines, dont l'une est plus élevée que l'autre,
qui semblent avoir servi de rempart à la propa-
gation des flammes qui embrasèrent jadis le grand
bassin, du milieu duquel il s'est élevé à différentes époques, des collines et des montagnes, dont

l'isolement et la forme plus ou moins conique
établissent évidemment la démarcation qui règne
entre la *costa de Pujou*, le *Puyg* et le *Mont-
Olivet* qui sont les produits du feu ; et la chaîne
calcaire *del Cingla del Corp*, et celle plus élevée
encore et beaucoup plus étendue, et qui est tra-
versée par le grau d'Olot, et s'unit avec la fameuse montagne de la *Madalena*, d'où descend
la rivière de Fluvia ; les coquillages pétrifiés que
l'on y trouve, attestent assez que celles-ci furent l'ouvrage des eaux.

» Afin d'éviter la confusion et la prolixité, on
passe sous silence d'autres monticules intermédiaires qui ont chacun leur nom, et dont les produits sont les mêmes, tels que Cruscat, le Collet
de *Aigua-Negra*, le Collet de *Forigola*, etc., etc.
Extrait du mémoire sur divers volcans éteints de
la Catalogne. »

Tel est l'intéressant récit de M. l'abbé Pourret :
j'ose espérer qu'on me permettra d'ajouter à ces
détails les observations suivantes : Mariana fait
mention, ainsi que le rapporte M. l'abbé Pourret,
du tremblement de terre qui désola la Catalogne
en 1420. Voici de qu'elle manière s'exprime à ce
sujet l'historien Espagnol, dans le passage suivant, dont je dois la traduction à M. de Laussat,
amateur éclairé des arts et des sciences, ancien
commandant et administrateur de la Guyanne
française.

« En ce temps-là, (1420), de Tortose à Per-
» pignan, toute la terre mugissait (Bramava) et
» tremblait chaque jour en Catalogne ; il y avait
» près de Gironne une ville appelée *Amer*, où
» s'ouvrirent deux bouches de feu..... d'une au-
» tre ouverture proche de celle du feu, sortait

» une eau noire qui allait se mêler à demie lieue
» dans un ruisseau ; la ville fut détruite et les
» poissons de ce ruisseau périrent ; l'odeur de
» l'eau était si mauvaise que les oiseaux battaient
» des ailes *(batiam las alas)*, quand ils passaient
» dessus, etc., etc. Cette odeur s'étendit au
» point d'arriver jusqu'à Gironne, qui en est
» séparée et éloignée de quatre lieues. » *Mariana*,
chap. 4, liv. 20.

MM. Taudi et Maclure ont pareillement observé que le terrain était volcanique autour d'Ollot.
J. de physique, mars 1808. Cette partie de la
Catalogne n'est pas la seule que les feux souterrains ayent bouleversé. M. Bowles a remarqué
entre Gironne et Figuères, assez près de la mer,
deux montagnes pyramidales d'égale hauteur,
qui se touchent par la base et qui prouvent par
les indices les moins équivoques, avoir anciennement été des volcans.

Comme une partie de la Catalogne présente des
vestiges de l'action des feux que la terre a dû ré-
céler anciennement, y récèle peut=être encore,
et que d'ailleurs on y remarque une montagne de
sel, on doit désirer que les géologues y portent
leurs recherches et tâchent de découvrir si l'hy-
pothèse de M. Fitcher est bien ou mal fondée ;
car, on sait que ce naturaliste affirme que les
masses de sel sont entourées d'anciens volcans,
et qu'il croit que ce sel a été cristallisé par la
chaleur de ces volcans qui ont fait évaporer l'eau
qui la tenait en dissolution.

L'observation suivante semblerait pouvoir donner encore quelque vraisemblance à la conjecture
de M. Fitcher.

« Garcias Fernandes vient de prouver que les

» environs de Burgos, capitale de la Vieille-Cas-
» tille, sont entièrement volcanisés...... Les fa-
» meuses mines de sel gemme qui s'exploitent
» pour le compte du roi à Posa, dans les envi-
» rons de Burgos, se trouvent au centre d'un
» cratère immense. M. Fernandes en a rapporté
» des basaltes, des olivines, des ponces, des
» pouzzolanes, des wakes, des argiles cuites,
» etc., etc.; et entr'autres choses remarquables
» un morceau de fer d'environ 20 livres pesant. »
Jour. de Physique, de frimaire an 11.

Après ce que nous venons de rapporter relativement aux volcans de la Catalogne, on ne sera
point étonné des secousses des tremblemens de
terre, que cette contrée de l'Espagne et les adjacentes éprouvent assez fréquemment. Les plus
considérables dont l'histoire fasse mention paraissent être les suivantes :

Au mois de janvier 1373, il y eut de si furieux
tremblemens de terre en Espagne, qu'ils firent
tomber de grandes roches aux Monts-Pyrénées,
renversèrent des bâtimens sous la ruine desquels,
quantité de personnes furent écrasées. Voyez
*Abrégé nouveau de l'histoire générale d'Espa-
gne*, tom. 2, pag. 122, édit. in-12.

Le 18 de décembre 1395, il y eut dans le
royaume de Valence et à Tortose, de grands tremblemens de terre, qui durèrent depuis neuf heures du matin jusqu'à quatre heures du soir. Plusieurs tours, églises et édifices en furent renversés, et le monastère de Valdigna fut entièrement
détruit. A Alcira, deux fontaines donnèrent de
l'eau puante et de couleur de cendre. Voyez *hist.
génér. d'Espagne de Ferreras*, t. 6, p. 59, édit.
in-4.º.

Il y eut en 1431, un tremblement de terre qui causa beaucoup de dommages en Aragon, et surtout dans la Catalogne et le Roussillon. *Id.* p. 376.

Avant de finir cet article, je crois devoir faire observer que les faits rapportés ci-dessus par M. l'abbé Pourret, n'ont pas la moindre ressemblance avec ceux qu'on remarque non loin de la ville de Dax et dans les Pyrénées. L'examen du sol semblerait suffire pour démontrer qu'il n'a pas été formé de la même manière : on ne peut se refuser à croire qu'autour d'Ollot, il est le produit des feux souterrains ; la nature et l'état des matières décèlent cette formation. Il n'en est pas de même dans les environs de Dax ni les Pyrénées, où les roches amphiboliques ne présentent pas le moindre vestige de l'action des volcans.

En effet, que trouve-t-on dans les gîtes de grunstein (ophite)? Ce ne sont point des cratères, des laves, des scories, ni aucune production minérale de cette nature. Ils présentent fréquemment des amas confus de diverses substances et dont la texture est très-variée. L'ophite est très-dur dans quelques-unes de ses parties ; d'autres sont friables, se désunissent et s'égrennent facilement. On en trouve qui se sont converties en argile très-molle et visqueuse ; un oxide ferrugineux domine presque par-tout, et donne en général à cette roche une couleur sombre et brunâtre. La serpentine se mêle souvent à ces matières.

La décomposition de l'ophite produit encore d'autres variétés : l'aspect brillant du Talc fait découvrir quelques morceaux de smectite dure et d'une onctuosité extrême.... Enfin, on découvre ici toutes les nuances successives qu'on peut observer depuis la texture la plus grenue du granit jusqu'à la configuration des schistes argileux et des basaltes les plus compacts.

Enfin, l'ophite alterne avec les couches de chaux carbonatée secondaire, non-seulement dans les Pyrénées, mais dans plusieurs autres pays. M. Bonnemaison, savant minéralogiste, dit que les grunsteins des environs de Quimper alternent avec des roches coquillières.

On trouve également des preuves d'une formation secondaire du grunstein en Ecosse, où les grès rouges et cette roche, alternent ensemble et se prolongent dans la direction du N. N. E. au S. S. O, en inclinant au N. E. *Journ. de Physique de novembre* 1819.

On ne se bornera point à rapporter ici les exemples précédens qui autorisent à penser que le grunstein ne saurait être envisagé comme une production volcanique ; et l'on a d'autant plus de penchant à ne pas s'écarter de cette opinion, que M. Humbold a remarqué la même formation dans l'Amérique méridionale. Je ne doute pas qu'on ne soit bien aise de voir la manière dont cet illustre savant s'exprime à ce sujet. Elle sert à prouver que la formation du grunstein est par-tout à-peu-près la même ; mais que nulle part cette roche ne porte des marques irréfragables de l'action des feux souterrains.

« La vallée transversale qui descend, dit-il, » de *Piedras-Negras* et du village de San-Juan, » vers Parapara ; et les *Llanos* est remplie de ro- » ches trapéennes qui présentent des rapports in- » times avec la formation de *schistes verts* qu'elles » recouvrent ; on croit voir, tantôt de la serpen- » tine, tantôt du *grunstein*, tantôt des dolérites » et des basaltes. La disposition de ces masses

» problématiques n'est pas moins extraordinaire
» entre San-Juan , Malpasso et Piedras=Azules ;
» elles forment des couches parallèles entre elles,
» et régulièrement inclinées au nord , sous des
» angles de 40.º 50.º ; elles recouvrent même en
» gissement concordant , les schistes verts plus
» bas vers Parapara et Ortiz, où les amygdaloïdes
» et les phonolites se lient au *grusntein*. Tout
» prend un aspect basaltique. Des boules de
» *grunstein* amoncelées les unes sur les autres ,
» forment des cônes arrondis semblables à ceux
» que l'on trouve si fréquemment dans le mittel=
» gebirge , en Bohème , près de Bilin , la patrie
» des Phonolites ; voici ce que m'ont donné les
» observations partielles.

» Le *grunstein* qui , d'abord alternait avec des
» couches de serpentine où se liait à cette roche
» par des passages insensibles , se montre seul ,
» tantôt en strates fortement inclinés , tantôt en
» boules à couches concentriques enchassées dans
» des strates de la même substance. Il repose près
» de Malpasso , sur des schistes verts , stéati=
» teux , mêlés d'amphibole , dépourvus de mica
» et de grains de quartz inclinés, comme les gruns=
» teins de 45.º au nord , et dirigés comme eux ,
» n.º 75.º O..... »

M. Boué avantageusement connu par les ouvrages de géologie qu'il a publiés, a vu dans les
grunsteins des Pyrénées , ces mêmes espèces et
variétés de matières minérales qui se mêlent à
cette roche. Ayant eu l'avantage de voir à Ogenne
ce célèbre naturaliste au mois de juillet 1822 ,
lorsqu'il allait parcourir les Pyrénées , je le priai
d'observer principalement le grunstein. Voici ce
qu'il eut la bonté de m'écrire à son retour :

« J'ai trouvé que les ophites sont placées entière-
» ment comme vous le dites, qu'elles passent au
» granite, à la serpentine, à l'euphotide et au
» pyroxène ; ce sont essentiellement des masses
» de l'âge intermédiaire et nullement basalti-
» ques. »

On peut voir en outre dans mes mémoires sur
l'ophite des Pyrénées et des environs de Dax,
les nombreux motifs qui semblent ne point per-
mettre de ranger cette singulière roche avec les
produits des feux souterrains.

Au reste, plusieurs observateurs n'adoptent
ni l'opinion des géologues qui l'envisagent comme
volcanique, ni de ceux qui la placent parmi les
roches secondaires. Ils la comprennent au contraire, au nombre des primitives : pour moi, je
pense avec d'autant plus de raison, que l'origine
de l'ophite est postérieure à celle du granit central, qu'il ne forme pas comme la roche granitique, la base ordinaire des couches secondaires
contignes. Je me plais à croire qu'on sera bien
aise de trouver ici les preuves qui semblent démontrer cette vérité, que je n'ai point omis d'exposer dans mes mémoires sur l'ophite, mais
d'une manière plus abrégée.

1.º On trouve à St.-Jean-Pied-de-Port, des
bancs inclinés de pierre calcaire, secondaire,
grise et dure : on peut les observer sous la partie de la citadelle qui regarde le nord : les forti-
fications qui sont du côté du sud, ont pour base
des masses continues d'ophite : on voit au-delà,
près du château d'Olhonce, d'autres bancs calcaires inclinés ; par conséquent l'ophite se trouve au milieu des matières de cette nature : quelle
est leur disposition respective avec l'ophite ? la

voici : l'inclinaison des bancs calcaires qui sont du côté du nord, est du N. N. E. au S. S. O. ; celle des bancs calcaires situés au midi, se trouve du S. S. O. au N. N. E. ; de façon que, quoique l'ophite sépare ces bancs, leur plan d'inclinaison indique que cette roche n'en forme pas l'appui et que par conséquent elle n'est point ici de formation primitive.

2.º Au sud d'Ahaxa, village situé pareillement dans la Basse-Navarre, on voit des collines composées d'ophite ; on trouve successivement au-delà, c'est-à-dire vers le sud, des couches très-inclinées de schiste argileux feuilleté, de pierre calcaire également fissile ; ces différentes couches ne semblent point avoir pour appui l'ophite, placé du côté du nord, puisqu'elles inclinent du S. S. O. au N. N. E. Si cette roche formait ici leur véritable base, ne seraient-elles pas toutes inclinées au contraire du N. N. E. au S. S. O., pour venir s'appuyer sur l'ophite?

3.º Le pays de Soule fournit un autre exemple de cette sorte de disposition respective. Le village de Sainte-Engrace est garanti du vent du nord par une montagne composée d'ophite et qui se prolonge à-peu-près de l'O. à l'E. Il est dominé du côté du sud par une autre chaîne montagneuse dont la direction est de l'O. N. O. à l'E. S. E. des bancs calcaires, inclinés du S. S. O. au N. N. E. forment cette chaîne qui, comme on le voit, par cette courte description, ne s'appuie point sur les masses continues d'ophite, qui s'élèvent au nord de Ste.-Engrace. Mais il faut convenir aussi que cette roche ne paraît point s'appuyer sur les couches calcaires et semblerait par conséquent avoir une position verticale.

4.º Les observations suivantes, faites dans la
vallée d'Aspe, prouvent aussi que l'ophite n'est
pas comme le granit, une roche incontestablement fondamentale. Les matières calcaires de la
montagne de Binet paraissent, comme nous l'a-
vons déjà vu, inclinées du S. S. O. au N. N. E.';
on dirait qu'elles doivent s'appuyer sur la roche
d'ophite ou grunstein qui se trouve au-delà; cependant je n'ai pu découvrir cette disposition respective. Dès qu'on a traversé quelques couches de
schiste argileux et de marne pierreuse, dont l'inclinaison est du N. N. E. au S. S. O., il s'élève
auprès du village d'Escot une très-haute montagne de marbre, dont les bancs, au lieu de venir
s'appuyer sur le grunstein ou sur les roches environnantes, inclinent au contraire du S. S. O.
au N. N. E. Mais on voit ici de même avec étonnement que l'ophite ne s'appuye point sur aucune
des bandes calcaires qui la renferment.

5.º On voit encore dans la partie de cette vallée,
qu'on nomme le *Bassin de Bedous*, des montagnes d'ophite qui le traversent dans la direction
de l'O. à l'E. à-peu-près : elles sont dominées,
du côté du sud, par des hautes montagnes calcaires, dont le plan d'inclinaison varie un peu,
non loin du pont d'Esquit; mais ces bancs calcaires ne viennent pas s'appuyer sur les colines
d'ophite, qui les précèdent et qui s'élèvent au
nord du village d'Accous, mais comme ci-devant
les pierres calcaires ne servent point d'appui à
cette roche.

6.º Si nous suivons ces mêmes masses vers la
forêt d'Isseaux, située à l'O. de la commune d'A-
tas, nous y verrons que près de ce lieu et même
plus loin, *au Pas d'Azun*, les bancs calcaires

sont inclinés pareillement du S. S. O. au N. N. E.,
c'est-à-dire que leur plan d'inclinaison regarde
les ophites, et leur escarpement la partie opposée : cette disposition est la même que la précédente, l'ordre respectif de ces deux différentes
baudes, ne présentant point un mutuel appui.

7.º Des couches de schiste feuilleté présentent
une pareille disposition à la distance d'environ
une demi lieue de cette même commune d'Atas,
et sur le chemin de la forêt d'Isseaux : ces schistes qui se confondent du côté du nord avec des
masses continues d'ophite, et de l'autre, avec
des matières calcaires, mélange qui constitue des
couches marneuses, ont leur appui sur la pierre
de chaux carbonatée, située du côté du sud.

8.º Examinons les matières argileuses, qui
composent les collines des environs de l'église de
Betharram et de la commune de Saint-Pé, nous
verrons aussi que l'ophite ne sert pas de base aux
pierres calcaires secondaires, contiguës. Betharram est situé sur les bords du Gave Béarnais, au
pied d'un monticule composé d'ophite, mêlé de
plusieurs espèces et variétés de schiste argileux :
au-delà de ces matières on trouve le bourg de
Saint-Pé, sous lequel on observe des bancs calcaires dont l'inclinaison est du S. S. O. au N. N. E.

Si l'on suit vers l'O. les ophites et les schistes
de Betharram, on reconnaîtra que les bancs calcaires qui les bordent du côté du sud, sont pareillement inclinés du S. S. O. au N. N. E. sous
le château des forges d'Asson, bâti sur des couches calcaires, dont on admire et l'on suit la
constante direction de l'E. S. E. à l'O. N. O., en
allant vers Arudy : l'inclinaison de ces couches
du S. S. O. au N. N. E., est en outre une preuve

qu'elles ne viennent point s'appuyer sur l'ophite et les autres matières argileuses qui sont aux environs des ponts de Guillemette et de Tape, situés au nord de ce même château des forges.

9.º L'observation suivante, faite à la distance d'environ demi lieue de l'église de Betharram, et du côté du nord, indique aussi que l'ophite ne sert pas toujours de base comme le granit aux matières secondaires environnantes : on trouve sur la rive droite du Gave, entre les villages de Montaut et de Coarraze, des couches verticales d'une pierre calcaire contenant de petites paillettes de mica ; la direction de ces couches est à-peu=près de l'O. à l'E. et leur disposition verticale est une preuve qu'elles ne s'appuient pas sur les ophites situés du côté de Betharram.

Examinons actuellement des couches calcaires situées à l'orient des précédentes, et près du pont d'Asson, dont elles forment les fondemens ; ces couches ont leur plan d'inclinaison du N. au S. ou à peu près : elles sont suivies du côté du sud et près du pont de Tape, d'ophite et d'autres matières argileuses ; mais l'inclinaison des roches calcaires démontre qu'elles ne vont point s'appuyer sur ces dernières masses pierreuses, envisagées comme primitives. Mettons d'autres exemples sous les yeux du lecteur, qui, porté par une vive inclination à l'étude de la géologie, a le courage et la force de fixer son attention sur ces ennuyans et longs détails.

10. On observe, entre les communes de St-Pé et de Peyrouse, une haute colline formée de bandes alternatives d'ophite et de pierre calcaire grise compacte. Le plan de ces différentes bandes est tellement vertical, qu'aucune d'elles ne

paraît servir de support à l'autre; il est d'autant plus facile de s'en convaincre qu'elles traversent la route de Lourde, et qu'on peut les voir très-distinctement et les suivre depuis les bords escarpés du Gave, jusqu'à la crête de la colline aride et nue qu'elles forment.

11. On trouve aux environs de la maison de Lacoume, sur le territoire de Labassère, près de Bagnères, de l'ophite contenant de l'amyanthe et de l'asbeste : cette roche est renfermée dans des schistes argileux dont les couches sont inclinées du N. N. E. au S. S. O. Au-delà de ces matières argileuses et du côté du sud, on voit des bancs calcaires, inclinés du S. S. O. au N. N. E., et qui, par conséquent, ne viennent point s'adosser aux roches précédentes.

12. Examinons la disposition respective de l'ophite de Prat, en Couserans, et des matières adjacentes, nous verrons, du côté du nord, des bancs de marbre gris, dont l'inclinaison est du nord au sud ; ils semblent par conséquent éviter d'avoir pour base cette roche.

13. Enfin, M. le marquis d'Angosse, ayant fait de nombreuses et savantes recherches relatives au grunstein, dans les montagnes au pied desquelles son château des forges d'Asson est situé, n'a pu découvrir nulle part de roches quelconques superposées en juste position au grunstein.

Je pense que les exemples qui viennent d'être cités, suffisent pour nous faire présumer que l'ophite des Pyrénées ne doit pas être placé, comme le granit, parmi les roches fondamentales de cette chaîne de montagnes.

Je conviens que les longs détails relatifs au plan d'inclinaison du grunstein et des roches contiguës n'est pas agréable à lire; mais comme il s'agit beaucoup moins ici de plaire que d'instruire, j'ai osé espérer qu'on ne dédaignerait pas de s'en occuper.

Les opinions précédentes ne sont pas les seules que les géologues ont cru pouvoir hasarder sur l'origine du grunstein; un savant disciple de Werner, persuadé, comme ce grand maître, que cette roche amphibolique était la moins ancienne des matières secondaires, croyait avoir vu le grunstein de St=Pé placé sur le calcaire.

Plein d'une grande estime pour ses lumières, je suis très=fâché de m'écarter de son opinion. J'ai visité plusieurs fois les mêmes lieux sans pouvoir découvrir aucun ordre de superposition. Je n'ai distingué que des bandes verticales de calcaire et d'ophite à côté les unes des autres.

Quoique très=prévenu en faveur de l'exactitude de mon observation relative à l'ophite des environs de Saint-Pé, il m'a paru néanmoins convenable qu'elle fut vérifiée; on ne saurait trop redoubler de preuves, lorsqu'on est forcé de combattre une opinion dont les défenseurs ont acquis une juste célébrité; en conséquence je crus devoir écrire à M. Estarac, ancien professeur aux écoles *centrales des Hautes et des Basses=Pyrénées*, qui s'est rendu célèbre dans la république des lettres, je le priai d'examiner si le grunstein des collines de St=Pé, commune dans laquelle il faisait sa rési= dence, était placé au=dessus des masses calcai= res. Voici la réponse qu'il eût la bonté de m'adres= ser le 16 mars 1817.

« Les roches situées entre Saint-Pé et Peyrou- » se, à la gauche de la grande-route, sont dis- » posées par bandes alternatives, qui descendent

» jusqu'au lit du Gave, je n'ai point aperçu de
» superposition. »

Cette particularité se trouve consignée dans
mon Essai sur la Minéralogie des Monts-Pyrénées,
édit. de 1784, et dans lequel je dis qu'au=delà de
Saint-Pé, on trouve des bandes verticales d'ophite
et de marbre, qui se succèdent alternativement.
Cet arrangement se fait remarquer depuis le sommet de la colline qu'elles forment, jusqu'au-des=
sous du niveau des eaux du Gave qui en baignent
le pied.

Ayant observé un grand nombre de fois le même lieu, il m'a toujours paru que les bandes de
grunstein et le calcaire sont incontestablement
placées à côté les unes des autres, et qu'elles n'of=
frent aucun ordre de superposition.

L'opinion contraire est d'autant moins vraisemblable, que M. Estarac eut la bonté de faire part
de mes questions à M. Paillhasson, chimiste et
pharmacien très=instruit de la commune de Lourdes. Voici sa réponse : « Je ne hazarderai rien,
» mon cher Estarac, en vous annonçant que les
» observations de M. Palassou sont exactes, etc.»

J'ai fait deux fois le voyage de Gavarnie avec
M. Faget de Baure : comme il se montrait très-
curieux de connaître la structure de Pyrénées, je
ne manquai point de lui faire observer, en passant
à Saint=Pé, la disposition respective de l'ophite et
des pierres calcaires ; je n'ai pas oublié qu'après
l'avoir examinée, elle n'avait pas été un sujet de
doute pour lui, non plus que pour feu M. le comte
de Gramont, MM. de Laussat, d'Estandau, No-
livos et d'autres curieux de la nature qui me pro-
curèrent le plaisir d'aller à Gavarnie avec eux, et
de visiter plusieurs autres parties des Hautes=Py-
rénées.

M. Flamichon, ingénieur = géographe, ayant
bien voulu prendre la peine, d'après ma demande,
de dessiner la singulière disposition des bandes alternatives de roches calcaires et d'ophite de Saint-
Pé, se convainquit de leur existence, et les repré-
senta fidèlement telle que je les ai décrites.

Je suis fâché de ne pouvoir mettre cet intéressant dessin sous les yeux de ceux qui s'appliquent
à la géologie, ayant été perdu chez M. de Borda, auquel je l'avais confié, mais cet observateur recon-
nut cette position relative, comme le prouve une
lettre qu'il prit la peine de m'écrire, et dans laquelle il s'exprime de la manière suivante : « Le
» paquet que vous avez eu la bonté de m'adresser,
» m'est parvenu. J'y ai trouvé un plan très=pro-
» prement dessiné, qui présente une alternative
» singulière d'ophite et de pierre calcaire. »

DES
GÉANS DE VISOS.

Ayant entendu parler de grands ossemens trouvés dans cette commune, et dont j'ai donné connaissance dans mon Essai sur la Minéralogie des
Monts-Pyrénées, je priai M. Julien, procureur
au parlement de Navarre, de vouloir bien écrire
à M. Cantonnet, son oncle, curé de Luz, pour
lui demander quelques notions certaines à ce sujet, ce qu'il eut la bonté de faire avec empresse-
ment. Voici la réponse qui lui fut adressée : Je
me plais à croire que les observateurs de la nature la liront avec intérêt, et qu'ils verront dans
ma démarche le désir de mettre sous leurs yeux
la preuve de cette découverte.

« Je ne me rappelle point, mon cher neveu,
» en quelle année M. d'Hérouville, commandant
» de Guienne vint à Barèges ; il me parla des
» géans du pays, d'après ce qu'il en avait enten-
» du dire autrefois à feu M. d'Estrades de Luz ;
» et comme il travaillait à l'Encyclopédie et qu'il
» était chargé d'une partie de l'histoire natu-
» relle, il me pria de lui procurer quelques os de
» ces géans. Après bien de recherches, j'appris
» qu'on croyait qu'il y en avait quelques-uns
» d'ensevelis dans le village de Visos, au-dessus
» de Saligos, j'y allai, accompagné du nommé
» Lartigue, garçon chirurgien ; et sur le rapport
» des anciens de ce village, je fis creuser au mi-
» lieu d'une rue où je trouvai en effet des os qui
» par leur longueur, ne me laissèrent point dou-
» ter qu'ils ne fussent de personnes d'une taille

8

» gigantesque. Je portai à M. d'Hérouville l'os
» tibia et la clavicule : autant que je me le rap=
» pelle, la clavicule avait près de 12 pouces et le
» tibia de 20 à 24 pouces. M. d'Hérouville décida
» tout comme moi, que ces os étaient des os de
» vrais géans.

   » A Luz, le 2 novembre 1777. »

Tels sont les renseignemens donnés par M.
Cantonnet, curé de Luz, et que j'ai indiqués à
la p. 160 de l'Essai sur la Minéralogie des Monts=
Pyrénées, *édit.* de 1784, mais que j'ai cru devoir
faire connaître dans toute leur étendue, pour
fixer l'opinion sur l'existence des grands ossemens
de Visos. Le même motif m'engage à rapporter
ce que M. Pasumot a raconté depuis, à ce même
sujet. « Il a existé, dit=il, à Visos, une famille
» de géans de la taille d'environ 8 pieds ; on les
» nommait les *Prousous*, vulgairement les *Es=*
» *prousous ; prousous* est un terme espagnol qui
» signifie grands hommes. Leur taille gigantes-
» que inspirait une répugnance à les épouser :
» le dernier était le vieux Barrique, mort il y a
» environ 17 ans, âgé de 108 à 110 ans. Dans sa
» jeunesse il avait 6 pieds ; son baptistaire existe
» à Luz, comme ceux de toute sa famille ; on les
» enterrait dans des endroits séparés que l'on
» connaît encore.

   » Il est très=vrai que M. Cantonnet, curé de
» Luz, ayant fait fouiller le tombeau d'un de ces
» prousous, on en tira une clavicule d'environ 10
» pouces de longueur, et un tibia de près de 2
» pieds, qui furent envoyés à M. d'Hérouville.
» Un chirurgien fut présent à cette fouille et on
» ne s'est pas trompé sur l'espèce des os qui sont
» véritablement humains. » *Voyages physiques
dans les Pyrénées,* p. 324.

AVERTISSEMENT

Sur le Mémoire relatif aux funestes effets attri-
bués à la destruction des Forêts.

DEPUIS long = temps , la dévastation continuelle des bois , devient chaque jour plus remarquable. Elle afflige d'autant plus les bons
citoyens, que de savants observateurs prétendent,
qu'en dépouillant la surface de la terre, de ce
bel ornement, on rend plus fréquents les orages
qui désolent les campagnes ; plus rares les pluies
bienfaisantes qui les fertilisent ; les sources moins
abondantes ; les vents plus impétueux , etc. etc.

Le Gouvernement, redoutant les malheurs qui,
selon quelques physiciens , peuvent résulter de
cette destruction et désirant y remédier autant
qu'il serait en son pouvoir , a voulu connaître
jusqu'à quel point leur opinion pouvait être fondée. Comme ce n'est que par l'expérience qu'on
doit se livrer à l'espoir d'y parvenir , S. Ex. le
Ministre de l'intérieur a jugé convenable de char-
ger MM. les Préfets , de consulter à ce sujet ceux
de leurs administrés qu'ils croiraient propres à
fournir quelques lumières sur les changemens
survenus depuis quelques années dans nos climats. En conséquence de cette résolution , M.
Dessolle , Préfet du département des Basses=Py-
rénées , officier de la Légion d'Honneur, toujours
ardent à servir la chose publique , s'est empressé
d'écrire la lettre suivante à M. Lom, Sous-préfet
du 5.e arrondissement.

« *Monsieur, des personnes très=versées dans*
» *les sciences naturelles, attribuent les varia-*
» *tions subites de l'atmosphère et la perte des*
» *récoltes qui en est la suite, au déboisement*
» *des montagnes et à l'extirpation des forêts.*

» *S. Ex. le Ministre de l'intérieur désire re-*
» *cueillir des faits propres à détruire ou à con-*
» *firmer cette opinion. C'est dans cet objet que*
» *je vous prierai de répondre aux questions sui-*
» *vantes, d'après les renseignemens authentiques*
» *que vous êtes à même de vous procurer.*

» *1.º Quelles forêts existaient dans votre ar=*
» *rondissement il y a 30 ans? dans quelle zône*
» *et à quelle élévation étaient=elles situées?*
» *quelles étaient leur étendue et l'espèce d'arbres*
» *dont elles étaient formées?*

» *2.º Quels étaient les propriétaires?*

» *3.º Quelles sont celles qui existent encore*
» *et celles qui ont été abattues?*

» *4.º Quelle influence a-t-on remarqué que la*
» *différence d'abri exerçât sur le système météo-*
» *rologique de votre arrondissement? Les inon-*
» *dations, les pluies ont=elles été moins fré-*
» *quentes? y a=t=il eu plus souvent de la neige,*
» *ou de la grêle dans les pays des montagnes?*
» *s'est=on aperçu que les glaces descendissent*
» *à des plus basses régions, repoussant la végé-*
» *tation dans les plaines et les vallées?*

» *Les vents ont=ils été plus malfaisans, plus*
» *variables, et ceux du sud ou du nord cau=*
» *sent=ils plus de ravages que lorsque la France*
» *était mieux boisée?*

» *Voilà, Monsieur, les questions auxquelles*
» *je vous prie de répondre avec la plus grande*
» *exactitude. Je mettrai aussitôt après que j'au-*

» rai reçu vos réponses, le Gouvernement à mé-
» me de s'occuper à prévenir, s'il est possible,
» la destruction si fréquente des produits de la
». terre, par le fléau dont ce département ressent
» annuellement les effets.

» Agréez, Monsieur, l'assurance de ma con-
» sidération distinguée,

» DESSOLLE.

» Pau, le 19 mai 1821. »

Pour satisfaire à ces demandes, M. Lom, Sous-
préfet du 5.ᵉ arrondissement, plein d'indulgence
pour mes faibles moyens, et ne consultant que
mon zèle à me rendre utile, me fit l'honneur de
m'écrire ce qui suit ;

« M. le Préfet me demande, Monsieur, par la
» lettre ci=jointe, des renseignemens que per-
» sonne mieux que vous ne peut me mettre à
» portée de lui fournir ; je vous aurais une obli-
» gation infinie, si vous vouliez bien me faire
» part des observations que vous avez dû faire
» sur un objet qui rentre, en quelque sorte,
» dans les matières que vous avez traité avec tant
» de succès et d'utilité pour notre pays, etc. etc.

» Orthez, ce 12 juin 1821. »

Je dois convenir qu'il ne m'a point été possible de répondre sciemment aux différentes ques=
tions proposées par S. Ex. le Ministre de l'inté=
rieur, faute d'observations antérieures et parce
que des infirmités habituelles ne m'ont point permis de me procurer les notions nécessaires pour
suppléer à mon insuffisance.

Mais malgré ces fâcheuses contrariétés, animé par le sincère désir d'offrir aux administrations supérieures une preuve de non respect et de mon zèle à faire tout ce qui peut dépendre de moi, pour concourir à leurs vues bienfaisantes, j'eus l'honneur de leur communiquer, le 29 juillet 1821, les renseignemens contenus dans ce mémoire.

Ces magistrats daignèrent l'accueillir avec leur bonté ordinaire, ce qui m'encourage à lui donner de la publicité. Les observations qu'il contient et celles que j'ai cru pouvoir y ajouter depuis cette époque, ne seront peut=être pas inutiles à ceux qui s'occupent à constater la malheureuse influence attribuée à la destruction des bois; car leur opinion ne saurait être solidement établie, si elle n'etait fondée sur la connaissance des faits.

Comme l'objet de l'administration se borne à connaître les dévastations faites seulement depuis 30 ans, et que dans cet intervalle de temps nulle propriété de ce genre n'existe déjà presque plus hors des Pyrénées, vaste région que je ne comprends que sommairement dans mon rapport, j'ai dû remonter vers les siècles passés et embrasser des contrées plus étendues pour donner une idée de la grande destruction des bois.

MÉMOIRE

SUR LES FUNESTES EFFETS

ATTRIBUÉS

A LA DESTRUCTION DES FORÊTS.

I.

*Description sommaire des anciennes forêts
du Béarn.*

Il n'existait déjà presque plus dans ce département, au milieu du dernier siècle, hors des
Pyrénées, aucune forêt remarquable, c'est-à-
dire un vaste terrain rempli de bois épais. Celui
de Sus était en quelque sorte le seul qui méritait
cette dénomination : on dit que son étendue n'ex-
cédait pas néanmoins mille arpens.

Il est notoire qu'à l'époque de la révolution,
des malfaiteurs ont coupé dans ce bois, dont M.
le marquis de Jasses était alors propriétaire, environ 33,000 pieds de chênes ou de hêtres, y
compris les jeunes et les vieux. Cette dévastation
fut constatée par M. le juge de paix de Navarrenx.

Plusieurs parties de ce département portent
encore le nom de Bois, et l'on n'y rencontre cependant que de petits bouquets de chênes épars.
Les anciennes forêts ont fait place soit à de stériles bruyères, soit à des terres cultivées. Les nom-

breux Monastères fondés par les souverains du
Béarn semblent avoir eu beaucoup de part à cette
destruction. Elle est d'autant plus remarquable,
qu'on ne trouve plus en ce pays des bêtes fauves,
telles que cerfs, daims, chevreuils, etc., etc.
Cependant elles ne devaient pas être rares du
temps de Gaston Phœbus, vicomte de Béarn qui
vivait dans le 14.me siècle, et qui composa un livre
in-4.º intitulé *des Déduits de la Chasse.* Le savant auteur du voyage dans les Pyrénées françai=
ses, rapporte d'après le témoignage de Froissard,
que ce prince était tellement passionné pour la
chasse, qu'il avait dix=huit cent chiens qui ne le
quittaient pas dans tous ses voyages, pag. 273.

Comme on est curieux de connaître quels étaient
les propriétaires de cette sorte de domaines, je
dirai qu'en 1128, l'abbaye de Sauvelade fut fon=
dée dans la forêt de Fajet, par Gaston IV, vi=
comte de Béarn, conjointement avec sa femme
Talese et son fils Centule. Il la dédia à l'honneur
de Dieu et de la Sainte=Vierge, en reconnais=
sance des grands avantages qu'il avait remportés
en Espagne sur les Sarrazins : une nombreuse population et des terres cultivées occupent aujour=
d'hui le même terrain où la forêt de Fajet était
située.

On peut compter dans le 5.me arrondissement,
le territoire de Sauvestre *Silvestris* où l'abbaye
de la Reoule fut fondée en 982, dans une épaisse
forêt.

On y trouve aussi les bois, ou pour mieux dire,
les terres incultes d'Ogenne, de Dognen, de Prechacq, de Lay, de Jasses, de Viellesegure, de
Navarrenx etc., etc.; où l'on ne voit presque plus
que des arbres épars : quelques-uns de ces hermis

sont remarquables par d'anciens camps retranchés, et tous se montrent d'une forme arrondie, excepté celui qui est situé à l'extrémité du village de Prechacq-Navarrenx, la plus éloignée de l'église paroissiale. Ce camp comme tous les autres, est entouré d'un fossé; mais il en diffère par sa forme carrée et par deux portes qui sembleraient indiquer la Decumane et la Consulaire; tandis que les autres camps n'ont aucune ouverture et que pour y entrer ou en sortir, il faut franchir le parapet qui les environne.

Les terrains adjacents de Sauveterre et de Salies devaient être peuplés anciennement de grandes forêts; car l'histoire nous apprend que Gaston-Phœbus mourut subitement dans le mois d'août 1391, à l'hôpital d'Orion, après avoir fait une chasse à l'ours : ce qui prouve que ce quartier était anciennement couvert de bois.

Passons maintenant sur la rive gauche du Gave d'Oloron, où sont situées les communes de Viellenave, d'Araux, de Laraujuson et de Montfort; anciennes seigneuries dont la réunion formait ce qu'on nomme le *pajet d'Araux*. Cette dénomination vient du mot latin *pagus* qui a plusieurs significations, et veut dire *village*, *bourg*, *canton* etc., etc. On y trouve des landes stériles qui probablement étaient jadis couvertes de bois. La maison d'Orthe et celle de Casamajor-Jasses, ont successivement possédé ces terres seigneuriales.

Si nous passons dans l'arrondissement d'Oloron et les autres parties de ce département, nous y trouverons une grande étendue de terrain, sous la dénomination de bois; et dans laquelle il n'y a presque plus d'arbres; c'est celui de Monein, ville, selon Marca anciennement batie. Cet historien rapporte que Sharif-Edridi, plus connu sous le nom de *géographe nubien*, indique les distances de Toulouse à Monein, et de Monein à St-Jean-Pied-de-Port ; c'était la route tracée par le commerce des arabes.

Nous pouvons encore citer l'ancienne forêt de Saubebonne de St.-Vincent de Luc, *Luccus*, (bois sacré), dont l'abbaye fut fondée avant l'an 1000, et à laquelle Guillaume Sance, comte de Gascogne donna le lieu nommé Bordettes et d'autres biens.

Le territoire de Luc, au lieu d'une grande étendue de bois, renferme actuellement une nombreuse population et de riches cultures.

Plusieurs gentilhommes se montrèrent également généreux envers ce monastère ; on compte parmi ces bienfaiteurs, Garcias Donat, frère Dauriol Donat, d'Ogenne, qui fit une offrande à Dieu de sa personne, avec toutes ses seigneuries, en compagnie de sa femme, de son fils Galin et de la fille Benedicte, etc., etc.

Les coteaux qui, depuis les environs de Coarraze, se prolongent jusqu'auprès de la ville de Pau et bordent la rive droite d'une petite rivière, qu'on nomme *Lagoin*, étaient anciennement couverts de bois épais, ils sont presqu'entièrement dégradés. Les sangliers se plaisaient avant cette époque à habiter, principalement la partie dépendante de Bénejac ; terre accordée par Gaston III à la cathédrale de Lescar, après la prise de Jérusalem où ce prince entra un des premiers.

A l'extrémité presque méridionale de ces coteaux couverts autrefois de chênes, on remarquait des bois de hêtres qui, je crois, ne subsis-

tent plus. Ils étaient situés sur le territoire de
Coarraze, terre anciennement dépendante de la
maison d'Albret=Miossens, et dans laquelle Henri
IV séjourna quelque temps bientôt après sa nais=
sance ; et puisqu'il faut désigner les propriétaires
des bois ou forêts, je dirai que la terre de Coar=
raze passa au prince de Pont qui la vendit à M.
Monaix, directeur de la monnaie de Pau, qui
institua pour son héritier N. de Montaut, et fut
acquise ensuite par M. le baron de Boeil ; elle ap=
partient aujourd'hui à M. de Bouillac qui, vrai=
semblablement ne renoncerait qu'avec peine à la
propriété d'un lieu si remarquable ; le château
de Coarraze à côté duquel s'élève une tour anti=
que est d'une construction moderne.

En 1099, Gaston fonda l'hôpital de Miey-Faget
et lui assigna des forêts.

Il est probable que le territoire de la commune
de Bosc-d'Arros, qui signifie *Bois d'Arros*, faisait
anciennement partie du bois dépendant de la sei=
gneurie d'Arros, une des douze premières baro=
nies du Béarn qui a donné son nom à une noble
et ancienne maison. Les tablettes historiques et
généalogiques rapportent qu'Élizabeth, fille uni=
que de Bernard baron d'Arros, vice roi de Na=
varre et gouverneur de Béarn, porta la baronnie
d'Arros à son mari Pierre de Gontaut, seigneur
de Rebenac, de Bescat, de Sevignac ; l'illustre
maison de Gontaut a possédé en outre dans ce
pays, les terres de Navailles et d'Audaux. La ba=
ronnie d'Arros a passé sur la tête de N. d'Espa=
lungue, etc., etc.

La commune de Lasseube, qui occupe le terrain
de l'ancienne forêt d'Escout, est une conquête de
l'industrie rurale.

Le bois de Josbaig n'offre presque plus que quelques arbres et des bruyères, dans une lande située sur la rive gauche du Jos.

Plusieurs parties du bois de Cheraute, au pays de Soule, ont été converties en terres labourables.

En 981, il n'y avait, au même lieu qu'occupe Lescar, qu'une petite chapelle, située au milieu d'une vaste forêt qui a été détruite.

M. Fajet de Baure qui, par la variété de ses connaissances semblait pouvoir être regardé comme une bibliothèque vivante, rapporte que les environs de Pau offrent de tous côtés, les vestiges d'une antique forêt.

Des terrains limitrophes du Béarn étaient également couverts de bois qui ne subsistent plus. Tel est celui de Mixe, qui est aujourd'hui dépouillé d'arbres en grande partie. Il est indiqué dans les cartes géographiques de la manière suivante : *landes appelées Bois de Mixe*. Ce même quartier renferme des landes pareillement appelées *Landes ou Bois d'Hasparren*.

Il en est de même de la forêt d'Ordios, où Pierre de Gavaret, vicomte de Béarn, fonda un monastère à la sollicitation d'un prêtre, pour la retraite des pauvres et des pélérins. Trois gentilhommes Normans qui allaient en pélérinage à Saint-Jacques, en Galice, ayant été assassinés dans ce désert, donnèrent lieu à cette pieuse fondation.

Guillaume Sanche, en faisant don, dans le 9.e siècle, au monastère de Saint=Sever du château de Palestrin, y comprend les forêts qui peuvent en dépendre.

« Gaston Phœbus, dit l'historien Froissard,

» qui vivait dans le 14.ᵉ siècle, fait un petit feu...
» Si est il en lieu d'avoir planté des bûches ; car
» ce sont tous bois en Béarn, et il y a de quoi se
» chauffer quand il veut ».

Cet historien ne serait pas aujourd'hui fondé à tenir ce langage ; et la disette du bois de chauffage est d'autant plus fâcheuse dans ce département, qu'il n'existe aucune veine de houille qui puisse dédommager les habitans.

Les immenses forêts de la souveraineté de Béarn, étaient peuplés non=seulement de chênes roures, *quercus robur*; mais en outre de beaucoup de hêtres, *fagus silvestris*, comme la dénomination de quelques lieux l'indique. La lettre F, se prononce en idiôme Béarnais de même que la lettre H. Ainsi, tous les endroits connus sous le nom de *Haget* ou de *Faget*, désignent d'anciens bois de hêtre, et tels sont Haget-Aubin, Miey=Fajet, les Hajets d'Oloron, de Goés, de Leduix, d'Estialés, la forêt de Faget de Sauvelade, etc.

On trouvait en outre en Béarn, des bois de tauzins. M. Le Bret que nous avons eu souvent l'occasion de citer, rapporte, dans ses manuscrits, qu'il existait des chênes tauzins dans les bois de Castelnau, d'Abos, de Garos, de Montaigu, de Casteide et de Lespourcy.

En effet, il n'est pas douteux que cet arbre précieux, qui a l'heureuse propriété de croître dans le plus mauvais terrain, devait être commun en Béarn, puisqu'il fut avec le chêne roure, l'objet d'une loi particulière, conçue en ces termes :

Qui escorchera quasso o touzin, pagara au senhor deü bosq, sieys soos morlàas per la injuria, outre lo damnadge de l'arbre.

Traduction en Français :

Celui qui écorcera chêne ou tauzin, paiera au propriétaire six sols morlàas, à cause de l'injure, outre le dommage de l'arbre. *Voyez les fors et coutumes du Béarn*, p. 102.

Quoiqu'il en soit, on continuait à dévaster les forêts avant le milieu du dernier siècle ; les Pyrénées seules en étaient à cette époque couronnées dans plusieurs de leur parties ; mais elles ont été dévastées par les bergers qui souvent y mettent le feu pour former des pâturages ; on les abat, en outre, pour convertir les chênes, les hêtres, les sapins et les pins dont elles sont peuplées, soit en planches, en pièces propres à la mâture, soit pour le chauffage. La coupe des arbres est continuelle.

Ceux qui portent leurs regards sur les Pyrénées, voient journellement de larges et nouvelles clarières dans des lieux qu'occupaient naguère de sombres forêts : on reconnaît même de loin cette dévastation à la différence des aspects. Les lieux dégradés ne présentent plus que des roches nues, que leur couleur grise ou blanchâtre fait distinguer. On reconnaît que des forêts majestueuses sur lesquelles les yeux aimaient à se reposer n'existent plus.

M. Dralet, auteur de la description des Pyrénées, ouvrage remarquable par des recherches aussi profondes que variées, rapporte que dans l'espace de deux cent quarante ans, les Pyrénées ont perdu les deux tiers de leur contenance, et ajoute : que si elles continuaient à être livrées à la même dévastation, il n'en existerait plus dans cent vingt ans.

Quant aux bois des particuliers, il faut convenir que la hache a détruit un nombre prodigieux de chênes épars et de bosquets de la même espèce d'arbres, pour faire place à de stériles bruyères, ou pour être mis en culture.

Parmi les bois des particuliers qu'on a coupés, nous comprendrons celui de Routignon, peuplé de hêtres, dont les cimes atteignaient à de grandes hauteurs et qu'habitaient, de préférence, de nombreux Hérons, sous la sauve-garde de la famille de Gassion, qui, possédant cette terre, située sur les rives graveleuses du Gave Béarnais, ne permettait pas que les chasseurs troublassent ces oiseaux de proie dans l'unique et solitaire asile que leur offrait ce quartier.

Nous citerons aussi les bois de la garenne d'Oroguen et du buisson, ancienne propriété de M. le marquis de Lons, lieutenant-général des armées du Roi, grade honorable qui, avec le gouvernement du château de Pau, fut la récompense de ses services militaires en combattant pour les Bourbons.

Nous placerons de même au nombre de ces bois abbattus, celui de Castelnau et le bois de chênes qui faisait l'ornement du beau domaine de Louvie près Pau, et dont Charles-Jean I.er, roi de Suède, a fait naguères l'acquisition.

On a pareillement abbattu au territoire limitrophe du Béarn et de Bigorre le bois d'Ossun, nom qui rappelle le souvenir de Pierre d'Ossun, grand capitaine, d'une famille noble et ancienne de Bigorre, et dont la valeur illustra ce pays, comme il l'avait été déjà par Arnauld de Barbazan, auquel Charles VII donna le titre glorieux de restaurateur du royaume et de la couronne de France. On sait qu'il fut enterré à Saint-Denis, auprès de Charles VII et de Duguesclin, etc.

Au reste, la gloire d'avoir donné naissance à de grands capitaines n'est pas l'unique avantage dont le Bigorre puisse s'énorgueillir. Cette belle contrée produit fréquemment de nos jours des hommes de lettres que la nature semble à dessein avoir doué de talens nécessaires pour écrire son histoire et peindre les magnifiques aspects que présentent ses hautes montagnes et ses plaines fertiles.

Le territoire de la plupart des forêts dont nous avons parlé, forme aujourd'hui des communaux convertis en pacages, où pâturent de nombreux troupeaux, et dans lesquels on fauche la bruyère, la fougère, l'ajong marin, etc., dont on fait du fumier.

Enfin, de grandes peuplades se sont établies dans de vastes déserts et ont fait partie de la souveraineté du Béarn, qui, quoique circonscrite dans des bornes très-étroites et environnée de peuples puissans, tels que les Anglais, les Français, du côté de la Guienne, et les Espagnols du côté des Pyrénées, ont eu néanmoins la gloire de conserver l'indépendance qu'ils avaient acquise depuis le commencement du neuvième siècle, avantage dont ils ne furent pas moins redevables à leur courage qu'à la sagesse de leurs lois. Quiconque approfondira l'histoire des Béarnais et des Princes qui les ont gouvernés, pourra se convaincre qu'ils s'étaient rendus dignes de voir naître Henri IV au milieu d'eux.

1.º D. Si l'on me demande actuellement quels sont les propriétaires des forêts du 5.ᵉ arrondissement ?

R. J'ai déjà dit qu'il n'en existe aucune proprement dite.

2.º D. Quelles sont celles qui existent encore?

R. Je répète qu'elles avaient été généralement dévastées dans cette partie du département des Basses-Pyrénées.

3.º D. Quelle influence a-t-on remarqué? Les inondations, les pluies ont-elles été moins fré=quentes?

R. On ne peut répondre à cette question, qu'après une très-longue suite d'observations météo-rologiques que je n'ai pas faites.

I I.

Inondations.

L'auteur anonyme de l'intéressant ouvrage ayant pour titre, Itinéraire des Hautes=Pyrénées, dit que c'est aux sources de Cauterets qu'aimait à se baigner l'illustre Marguerite, sœur de François I.ᵉʳ et grand=mère de Henri IV, lorsque fuyant le tumulte des villes, elle s'enfonçait dans les belles solitudes des Pyrénées, suivie de poètes, de musiciens et des grands de sa cour qui portaient les dames en croupe, dans l'âge de la chevalerie. Elle y fut surprise, ainsi qu'elle même nous l'apprend, par un orage terrible, qui dispersa tous les baigneurs. Quelques=uns se sauvèrent en Espagne, par dessus les montagnes; d'autres s'étant enfoncés dans les bois, y furent dévorés par les ours. L'abbé de Saint=Savin logea les dames et les demoiselles. P. 80.

Le débordement des rivières qui prennent leur source dans cette même chaîne des Pyrénées, fut remarquable en 1579. « La rivière de l'Adour, » qui se dégorgeait par des plis et contours,

» passant par Capbreton et le Boucau, dans l'O-
» céan, fut détournée par Louis de Foix : il en-
» treprit de fermer l'ancien canal près de Bayon-
» ne, pour la faire précipiter dans la mer, en
» ligne directe, ce qui lui réussit après plusieurs
» travaux, par le secours d'une inondation extra-
» ordinaire des eaux survenue le 28 octobre
« 1579, auquel jour, cette ville renouvelle par
» une procession solennelle, la mémoire d'un
» bienfait si signalé reçu du Ciel. *Chronique de*
» *la ville de Bayonne*, etc., etc., par M. Cam-
» pagne. »

M. Poeydavant, curé de Salies, auteur de l'Histoire des Troubles du Béarn, t. 2, p. 26, fait
mention des débordemens des fleuves et des rivières survenus en 1570.

J'ai rapporté dans mes Mémoires, pour servir
à l'Histoire Naturelle des Pyrénées, la grande
inondation qui, en 1617, ravagea la Catalogne,
à la suite d'une pluie très-abondante qui dura l'espace d'environ deux mois. Elle avait commencé
par un orage accompagné d'éclairs et de tonnerre.
Les campagnes furent submergées par le débordement des rivières ; 30 villages et 4 bourgs entièrement détruits ; une partie des villes de Balaguer,
de Lérida, de Tortose, subit le même sort. Les
eaux de l'Ebre renversèrent plus de trois cents
moulins et 50 mille personnes périrent dans ce
déluge.

C'est principalement dans les étroites et profondes vallées, entourées de hautes montagnes,
que les débordemens des rivières font de grands
ravages; quelques exemples fournissent une preuve de cette vérité. Ecoutons d'abord le récit de
M. de Laurières, tel qu'on le trouve dans l'ouvrage intitulé *Voyage à Barèges*.

« Je remplissais ici, sous M. de Longueval, les
» fonctions de commandant, lorsque, le 4 juin
» 1762, on entendit au milieu de la nuit, d'un
» bout de Barèges à l'autre, battre la générale. Je
» me lève à la hâte, j'apprends que le pavillon est
» déjà plein d'eau ; qu'un torrent effroyable sur-
» monte la jetée, et menace d'enfiler la rue. Nous
» touchons à notre heure dernière, me crie le
» chirurgien-major ; demain, plus de Barèges.
» Déjà dix-sept maisons sont endommagées : la
» terreur est générale, le désespoir s'en mêle ;
» on transporte les meubles sur la montagne :
» chacun se sauve...... où il peut.

» Le danger était évident ; mais le remède ? Le
» Bastan grossissait de plus en plus ; il n'y avait
» pas dix minutes à perdre. Figurez-vous qu'il
» roulait, le long des maisons, des fragmens de
» rochers, dont la collision embrasait le rivage
» par de fréquens éclairs ; dix batteries de canon
» sont moins terribles ; vite, m'écriai-je, que
» l'on jette les matelas par les fenêtres ; que l'on
» jette tout ce qui peut servir à former une digue
» momentanée : du courage, de la diligence !
» nous triompherons du torrent, si nous résistons
» à sa première fougue. Le Ciel nous seconda. »

Peu d'années avant la révolution française, le
débordement des eaux causa de grands désastres
dans la ville de Sauguessa en Espagne, située au
pied des Pyrénées.

En 1787, le débordement de l'Ebre, où plusieurs rivières qui descendent des Pyrénées vont
porter le tribut de leurs eaux, occasionna, dans
la ville de Tortose, les plus grands ravages.

Celui dont M. Pasumot fait mention ne fut pas
moins désastreux. Le 5 septembre 1788, le Gave

Béarnais emporta une partie du village de Gèdre, le pont de St.=Sauveur et le troisième au-dessus du village de Chièze où se trouve enfermé à Ba=règes ; une quarantaine de voitures franchirent le col du Tourmalet pour sortir de cette vallée où les chemins avaient été très=endommagés. Le Tourmalet est élevé de 1126 toises au=dessus du niveau de la mer.

C'est par une tranchée pratiquée à cette même montagne, et aujourd'hui presqu'entièrement dégradée, que le duc du Maine, né avec un pied difforme, arriva à Barèges avec madame de Maintenon, première époque de la célébrité de ces sources thermales.

La destruction des ponts emportés par le Gave sur la route de Barèges, fut d'autant plus préju=diciable qu'ils avaient été nouvellement très-bien construits, et par conséquent avaient coûté de grandes sommes. Ils étaient d'une largeur et so lidité que n'offraient pas les anciens ponts dans le sein des montagnes, ni même en général dans les villes. Les ponts de Sarrance, des environs des Eaux=Chaudes, ceux d'Oloron, de Ste.=Marie, de Navarrenx, d'Orthez, de Berenx, du château de Pau, etc., etc., étaient extrémement étroits; et l'on n'en sera point étonné, si l'on fait attention qu'on ne voyageait anciennement qu'à che=val : on ne connaissait pas l'usage des coches. Nos reines allaient en litière. On sait que Catherine de Médecis est la première qui ait eu un carrosse; Henri IV n'en avait qu'un pour lui et la reine et sans être orné de glaces, ce qui facilita à Ravaillac le moyen de plonger le couteau dans le sein de ce bon roi. Presque tous les gens de la cour allaient encore à cheval pendant la minorité de Louis

XIV ; se présentaient chez les dames aux assemblées et se mettaient à table avec leurs bottines et leurs éperons. Enfin, le nombre des carrosses ne montait dans Paris, en 1658, qu'à 310 ou 320.

Quoiqu'il en soit, en 1788 le lac de Héas rompit ses digues, se précipita dans le Gave, et la grotte de Gèdre vomit un fleuve qui entraîna des moulins, des maisons et des rochers énormes. Auprès de l'habitation de Palasset, une grange et un jardin furent emportés par la violence des eaux, ainsi qu'une belle prairie où l'on ne voit maintenant qu'un aride gravier.

A la suite des vents du sud et du sud sud-ouest, qui ont régné durant quelques jours, il plut abondamment le 12 et le 13 novembre 1800 ; le 14 le temps fut seulement couvert ainsi que le 15 ; mais le 16 il plut une grande partie de la journée ; et le 17 la pluie devint continuelle, ce qui fit monter les eaux à une hauteur extraordinaire, telle que les anciens se rappelaient l'avoir vue en 1730. Le pont de Jasses sur le Layou, celui de Laroin, furent emportés, etc., etc. Mais la partie du département des Basses-Pyrénées où les eaux causèrent les plus grands dégats, fut la vallée d'Ossau, dénombrés dans mon mémoire ayant pour titre : *Observations faites au Pic du Midi*, et que je crois devoir rapporter de nouveau, comme étant plus approprié au sujet dont nous nous entretenons. Voici la manière dont je m'exprimais :

« En arrivant à Laruns, je m'empressai de considérer les ravages naguère occasionnés par le furieux débordement d'un torrent qu'on nomme l'*Arriousé*, qui se précipite, avec un grand fracas, des montagnes boisées, situées à l'ouest de ce lieu. Ce torrent ayant grossi considérablement à la suite d'une grande pluie, franchit ses bords le 26 brumaire an 9 ; les eaux, sorties de leur lit ordinaire, se répandirent avec autant d'abondance que d'impétuosité dans les rues ; elles renversèrent et dégradèrent plusieurs maisons, fermèrent l'entrée d'un grand nombre d'autres habitations, en accumulant autour d'elles une prodigieuse quantité de sable, de gravier, de cailloux et de rochers, entraînés du haut des montagnes. Ces débris se heurtant les uns les autres en roulant, faisaient un bruit effroyable : Laruns aurait éprouvé de plus grands dégats, si les eaux s'étaient précipitées vers le même point ; mais, par bonheur, le vagues menaçantes se répandirent de tous côtés ; le village fut néanmoins totalement inondé ; des bestiaux périrent noyés dans leurs étables, et le sol de quelques rues fut exhaussé de plus de six pieds par des atterrissemens prodigieux.

» Ce débordement effraya les malheureux habitans, au point que plusieurs d'entr'eux, saisis d'épouvante, crurent ne trouver leur salut que dans une prompte fuite : ils gagnèrent des lieux élevés au-dessus des eaux profondes et bourbeuses qui, par l'impétuosité de leur cours, entraînaient tout ce qui portait obstacle à leur passage.

» Les uns n'écoutant que les devoirs de la piété filiale, y transportent les vieillards ; les autres, conduits par de sentimens d'humanité, sauvent les infirmes ; des mères éplorées et tremblantes emportent dans les bras leurs débiles enfans ; quelques propriétaires s'occupent du transport de leurs meubles ; mais le plus grand nombre des habitans, que retient dans leurs foyers l'onde qui les environne, sont réduits à l'affreuse alternative de risquer de se noyer en voulant en sortir, ou d'être ensevelis sous les ruines des dangereuses demeures dont les eaux sappent les fondemens.

» Il est facile de se représenter l'horreur d'une telle situation ; l'homme sensible et compatissant croit être témoin de l'effroi, du désordre et de la confusion qui devaient régner dans cette commune consternée ; il croit entendre les cris plaintif qui retentissaient de toutes parts, surtout au moment où le feu se manifesta dans une maison abandonnée de ses habitans, et qu'elle consuma sans qu'il fût possible d'y porter le secours nécessaire pour l'éteindre. Cet accident survint au milieu des profondes ténèbres de la plus horrible nuit ; la flamme dévorante qui sortait du sein des matières embrasées, réfléchie par le trop fidèle miroir de l'onde, servait à redoubler la frayeur de ceux que les eaux tenaient enfermés : sa clarté brillante au loin répandue, leur fit encore mieux connaître la grandeur du péril dont ils étaient menacés : ils virent les deux élémens les plus terribles réunis pour opérer leur ruine totale. Nul espoir ne consolait l'ame contristée de ces infortunés ; un grand nombre, prosternés au pied des autels, imploraient le secours de la Providence ; tous paraissaient condamnés à périr au milieu de l'incendie ou des flots impétueux, lorsque, par un effet de la bonté divine, le feu qui semblait devoir embraser Laruns entier, borna ses ravages, et ne brûla qu'un seul bâtiment.

» En même-tems la pluie cessa : les eaux du fougueux torrent, qui menaçaient de tout submerger et détruire, baissèrent peu à peu, rentrèrent dans leur lit ordinaire, après avoir laissé sur leur passage de grosses tiges d'arbres et d'é-

normes débris entraînés du sommet des montagnes. Au dehors de Laruns, une grande étendue
de terrain qui n'offrait, avant l'inondation, que
de riches prairies et des champs fertiles, est actuellement ensévelie sous des amas immenses d'a-
rides cailloux ! Au dedans, l'œil est attristé par
la vue de plusieurs maisons détruites, par l'en-
combrement des rues et par la dégradation de la
place publique. On essaiera, sans doute, de défendre Laruns contre les nouvelles attaques de
l'Arriousé, en élevant des digues sur ses bords.

En octobre 1820, un orage de trois jours fit dé-
border l'Aude ; les pertes que ce débordement
causa furent estimées plus d'un million ; il porta
la désolation autour de Carcassonne, de Limoux,
etc, etc.

Le 14 juin 1823, à la suite d'une pluie abondante, accompagnée d'une grande fonte de neiges, les eaux du gave d'Oloron s'élevèrent presqu'à la même hauteur que le 17 novembre 1800.

Le 2 juillet 1823, il éclata entre onze heures
et midi, dans la commune d'Ogenne, un des plus
violens orages dont les habitans aient jamais été
témoins. La pluie tomba avec une abondance tellement extraordinaire que de petits ruisseaux devinrent, dans un moment, de grandes rivières.
La crue subite des eaux de *Laus* surprit dans les
paccages submergés des bestiaux dont quelques-
uns se noyèrent, et ce ne fut qu'avec la plus grande peine qu'on parvint à sauver le plus grand
nombre.

Pendant ces terribles et continuelles averses,
qui inondaient la surface de la terre, les champs
semés de maïs surtout, et les vignobles nouvellement ameublis par la bêche, furent horrible-

ment endommagés par de nombreuses ravines. Les eaux coulant avec autant d'abondance que de rapidité, mirent à nud les racines des plantes et entraînèrent tous les amendemens de ce sol décharné ; ravage plus redoutable que celui de la grêle sur les coteaux ; et pour comble de malheur, plusieurs parties de la commune d'Ogenne furent frappées de ce terrible fléau, et les prairies couvertes en général de bourbe, de gravier et de sable.

On peut bien imaginer que les communications interceptées par cette abondance subite de pluie mirent en péril plusieurs personnes, soit aux champs, soit dans leurs habitations, dont le faîte servit de refuge à quelques-uns. Ce déluge qui couvrit toutes les parties basses du territoire d'Ogenne, fit une telle impression sur les habitans, que tous convinrent n'avoir jamais vu rien de semblable. Il ne manquait, à ce terrible spectacle, pour le rendre encore plus affreux, que le bruit du tonnerre. Heureusement ses éclats ne furent point très-violens.

Le lendemain 3 juillet, un nouvel orage, non moins désastreux que le précédent, éclata vers quatre heures du soir, sur le territoire de la commune de Luc, contiguë à celle d'Ogenne. Une pluie très-abondante fit grossir considérablement une petite rivière qu'on nomme *Layou*. Les eaux débordèrent et inondèrent des terrains qu'elles n'avaient jamais submergés.

Elles pénétrèrent, même pendant la nuit, dans les rues de la commune de Lay et menacèrent d'en renverser les maisons et de noyer les habitans qui, à la lueur des flambeaux, cherchaient un refuge dans les endroits où la profondeur des eaux ne les empêchait pas de pénétrer ; les autres couraient après les denrées et les meubles que la rapidité des eaux entraînait avec violence. Jamais ils n'avaient été exposés à de si grands dangers. Les eaux se répandirent ensuite dans les fertiles campagnes de Lay, de Dognen, et causèrent des dégâts qui privèrent les habitans d'une partie de la récolte des grains et des foins.

J'ai plus d'une fois été témoin des grands ravages occasionnés par les torrens qui se précipitent des Pyrénées. Mais je ne saurais décider si les inondations étaient moins fréquentes autrefois qu'elles ne le sont de nos jours.

La seule chose que j'oserais présumer, c'est que le volume d'eau des rivières qui prennent leur source dans les Pyrénées presqu'entièrement dépouillées aujourd'hui de leurs plus belles forêts, ne paraît pas avoir diminué : quoique d'un âge très-avancé, je ne connais aucune fontaine, aucun ruisseau, dont les sources aient tari.

Il faut seulement convenir qu'après une longue suite de siècles, le volume des eaux doit diminuer puisque les montagnes s'abaissent par un effet des ravages du temps, et qu'elles doivent par conséquent renfermer moins de sources.

Mais ce qui paraît très-certain, c'est que les eaux minérales de Bagnères, connues des Romains et que Montaigne préférait à toutes les autres parce qu'il y trouvait plus d'*aménité des lieux, commodités de logis, de vivres et de compagnie*, ne cessent de couler avec abondance, quoique les bois épais qui couronnaient anciennement les diverses protuberances des environs de cette ville aient été depuis long-temps abattus. J'ai connu des vieillards qui se rappelaient de les avoir vues entièrement couvertes de hêtres.

Cependant quelques physiciens prétendent que la destruction des forêts a fait disparaître des sources, autrefois très=abondantes.

Voici ce que nous apprend le savant M. Dralet : « On voit, dit=il, qu'à l'exception des habitans de l'arrondissement de Saint=Gaudens et de la vallée d'Aure, les montagnards des Pyrénées ne profitent pas des avantages de flottage et de la navigation. En enlevant le gazon des montagnes, en détruisant les forêts, ils ont causé la fonte subite des neiges, les débordemens, qui en sont la suite au printemps et la sécheresse dans les deux saisons suivantes. Si l'on consulte la tradition et les anciens titres, on verra que plusieurs rivières, autrefois flottables dans les vallées, ont cessé en= tièrement de l'être, ou ne le sont qu'après leur jonction à d'autres rivières dans les plaines. Ce malheur est arrivé dans les parties de la chaîne où les habitans ont exécuté d'immenses défriche= mens, tandis que les fleuves et rivières ont con= servé le volume de leurs eaux dans les vallées dont les forêts ont été respectées, et dont les monta= gnes environnantes n'ont point été sillonnées par la charrue : ainsi le flottage de la Tet est fréquem= ment interrompu depuis que l'emplacement des forêts du Capsir, du Haut=Conflans et du Rous= sillon ne présente plus que des rochers arides ; les rivières de Massat, d'Erce et d'Ustou, autre= fois flottables, ne sont plus que des torrens de= puis que les montagnes au pied desquelles elles roulent leurs eaux ont été ouvertes à la culture. Le Salat, dans lequel se jettent ces trois rivières, n'est plus flottable dans le département de l'Ariè= ge ; et l'on voit encore dans la commune de Saint-Girons, à un mur construit en 1130, des chaînes qui servaient à attacher les radeaux ; elles sont à un mètre d'élévation. Elles sont devenues inutiles depuis que la marine a cessé de trouver des ressources dans les forêts des environs de Seix et de Castillon. » *Description des Pyrénées*, p. 224 et 225.

M. Laboulinière dit aussi que l'Adour n'est plus flottable quoiqu'il l'ait été autrefois. Il est prouvé qu'on faisait venir, il y a un siècle, à bûches détachées, jusqu'à la place Saint=Martin de Bagnères, du bois de chauffage provenant des immenses forêts de la vallée de Baudean ou de Bagnères. *Manuel statistique du département des Hautes=Pyrénées*, p. 250. Mais M. Laboulinière attribue la perte du flottage à l'incurie des administrateurs ; on ne pourra, ajoute=t=il, le rétablir qu'à grands frais ; parce qu'il faut en venir à un redressement général.

Il serait possible aussi que la même cause eût détruit ailleurs la facilité du flottage, au lieu de l'attribuer à la destruction des bois qui mettant à nud les flancs des montagnes, entraînent une plus grande quantité de débris.

Quoiqu'il en soit, je me plais à croire qu'on ne sera point fâché de connaître le fondement sur lequel des physiciens très=célèbres s'appuyent pour prouver les inconvéniens dont on vient de parler.

M. Humbold a remarqué dans l'Amérique méridionale, les mêmes dégâts qu'on observe dans les Pyrénées et les Alpes. « En abattant, dit=il, » les arbres qui couvrent la cime et le flanc des » montagnes, les hommes, sous tous les climats, » préparent aux générations futures deux calami- » tés à la fois ; un manque de combustibles et une

» disette d'eau ! les arbres, par la nature de leur
» transpiration et le rayonnement de leurs feuil-
» les vers un ciel sans nuages, s'enveloppent d'une
» atmosphère constamment fraîche et brumeuse :
» ils agissent sur l'abondance des sources, non
» comme on l'a cru long=temps, par une attrac-
» tion particulière pour les vapeurs qui sont ré-
» pandues dans l'air, mais parce qu'en abritant
» le sol contre l'action directe du soleil, ils dimi-
» nuent l'évaporation des eaux pluviales.

» Lorsqu'on détruit les forêts avec une impru-
» dente précipitation, les sources tarissent ou de-
» viennent moins abondantes ; les lits des rivières
» restant à sec, pendant une partie de l'année,
» se convertissent en torrens chaque fois que de
» grandes averses tombent sur les hauteurs. Com-
» me avec les broussailles, on voit disparaître le
» gazon et la mousse sur la croupe des monta-
» tagnes, les eaux pluviales ne sont plus rete-
» nues dans leur cours ; au lieu d'augmenter len-
» tement le niveau des rivières par des filtrations
» progressives, elles sillonnent à l'époque des
» grandes ondées, le flanc des collines, entraî-
» nent les terres éboulées, et forment des crues
» subites qui dévastent les campagnes ».

Des curieux de la nature observent que le volume des eaux des fleuves et des rivières n'est plus
le même qu'il était autrefois, et plusieurs d'entr'eux en attribuent la cause à la destruction des
forêts qui jadis couvraient une plus grande partie du globe que de nos jours.

M. B. de Saint=Pierre observe « que l'attrac-
« tion végétale des forêts de l'île de France est
» d'accord avec l'attraction métallique de ses mon-
» tagnes ; qu'un champ, situé en lieu découvert

» dans leur voisinage, manque souvent de pluie,
» tandis qu'il pleut toute l'année dans les bois qui
» n'en sont pas à une portée de fusil ; c'est pour
» avoir détruit une partie des arbres qui couron-
» naient les hauteurs de cette île, qu'on a fait
» tarir la plûpart des ruisseaux qui l'arrosaient.
» Il n'en reste aujourd'hui que le canal desséché.

» Je pense, ajoute M. B. de Saint-Pierre, que si
» on plantait en France des arbres de montagnes
» sur les hauteurs, on ferait reparaître dans nos
» campagnes beaucoup de ruisseaux qui n'y cou-
» lent point du tout. Ce n'est pas dans les roseaux
» ou au fond des vallées, que les nayades cachent
» leurs urnes éternelles, comme le représentent
» les peintres, mais au sommet des rochers cou-
» ronnés de bocages et voisins des cieux. *Etudes*
» *de la nature.* »

Les religieux de Mahabane........ assurent que
depuis que les sommets d'une montagne, dont je
ne me rappelle pas le nom, se sont couverts de
sapins, les eaux de diverses sources sont devenues
plus abondantes et plus saines, ce qui est d'accord
avec d'autres faits déjà connus.

« Si les Monts, dit M. Savary, sont couverts
» de forêts, les sources et les ruisseaux devien-
» nent plus nombreux, parce que les feuilles des
» arbres ont surtout la propriété de pomper l'hu-
» midité répandue dans l'atmosphère : pour don-
» ner des eaux à un pays aride, il suffirait de
» planter des futaies sur le haut des coteaux. Lors-
» qu'on voit les anciens décorer du nom de fleu-
» ves le Glaucus, le Xanthus, qui coulent dans
» l'Asie-Mineure, et ne sont aujourd'hui que des
» ruisseaux, on est tenté de soupçonner leur fi-
» délité ; mais si l'on réfléchit que les Monts où

» ces rivières ont leur source, aujourd'hui dé-
» pouillés d'arbres et de terre, n'opposent plus
» une barrière au cours des nuages ; qu'autrefois
» couronnés de forêts, ils se fixaient autour de
» leur cime et s'emparaient de leur humidité ; on
» croira sans peine que le Glaucus et le Xanthus,
» et tant d'autres recevant anciennement des ruis-
» seaux plus abondans, méritèrent le nom de
» fleuves. » *Voyez les lettres sur la Grèce, p.* 230.

Ce qu'on peut regarder comme certain, c'est
qu'aux îles Antilles les nuages entraînés par le vent
s'accumulent sur les montagnes élevées et qu'ils
s'y arrêtent, surtout lorsqu'elles sont boisées à
leurs sommets *Journal de physique,* nov. 1808.

M. de Saussure a fait également des observations très-intéressantes sur les funestes effets produits par la destruction des forêts des montagnes
de Caume. Cette destruction, dit-il, est un grand
mal pour le pays, non-seulement à cause de la disette des combustibles, mais à cause de celle des
pâturages, et parce que les eaux des pluies n'étant
ni retenues, ni ralenties par aucuns végétaux,
elles se rassemblent avec une extrême promptiti-
tude, et donnent aux torrens une violence destructive et indomptable.

D'un autre côté, ces rocs pelés ne fournissant
point d'exhalaisons, ne présentant point aux nuages une surface fraîche qui les retienne et qui
pompe leur humidité, ces montagnes n'alimentent
ni des sources, ni des ruisseaux qui les fertilisent,
et ne fournissent pas non plus à l'air la matière
des pluies douces et des rosées. *Voyages dans
les Alpes.,* t. 3, p. 293.

Voici d'autres inconvéniens qu'on prétend résulter de la destruction des forêts. Le savant au-

teur des voyages dans les Pyrénées Françaises,
rapporte que dans la vallée d'Azun, c'est une opi=
nion généralement répandue que l'air de ces montagnes y est moins sain depuis leur défrichement.
La terre, dépouillée des forêts qui les recouvraient
autrefois, ne présente qu'un sol nud que les nuages parcourent sans obstacles; ces forêts les dé=
fendaient du vent du Midi, pouvaient arrêter et
rompre les nuages. On croit aussi en Castille et
en Aragon, que la séchéresse dont on se plaint,
doit son origine à la coupe des bois. Il semble,
ajoute le même observateur, d'après des expé=
riences si connues aujourd'hui, également dan=
gereux, d'en conserver ou d'en abattre une
grande quantité; puisque la végétation absorbe
les exhalaisons méphitiques, les arbres sont très-
propres à remplir cet objet.

La forme de nos montagnes, dit encore un élé=
gant auteur, a changé. Elles seraient méconnais-
sables aux yeux de nos anciens Gaulois. Couver=
tes de belles forêts dans leur origine, tapissées
de verdure, revêtues d'une épaisse couche de
terre, le roc que nous voyons en était le noyau.
Des fontaines jaillissaient de leur ceinture; on en
distingue encore des vestiges. Telles étaient ces
montagnes sous les Celtes. . . . .

Quand on s'est écrié d'admiration à la vue de
la charrue qui s'était élevée sur les montagnes et
sillonnait leurs arides sommets, il aurait fallu y
souhaiter des arbres. La surface de la terre, par
cette jouissance abusive, s'applatit par degrés.
Au lieu de ces points féconds en bois et en pâturages, et d'où s'écoulaient les eaux qui portaient
leur fertilité, il ne reste plus que de stériles ro=
ches. *Veillées Béarnaises.*

Enfin, nous lisons dans le nouveau dictionnaire raisonné, de physique et des sciences naturelles, qu'il pleut davantage sur les endroits
couverts dé végétaux, comme de forêts, t. 1,
pag. 430.

III.

Grêle.

On a de tout temps reconnu que les contrées
situées au pied de la chaîne des Pyrénées étaient
souvent exposées aux ravages des intempéries des
saisons, comme on le voit dans des lettres-paten-
tes des Rois de France, et principalement dans
celles qui furent accordées le mois d'août 1608
par Henri IV qui s'exprime de la manière suivante : « Henri, par la grâce de Dieu, Roi de France
et de Navarre, à tous ceux qui ces présentes lettres verront, salut ; nos prédécesseurs rois de
France ont exempté et déchargé dès long-temps
nos sujets de notre pays et comté de Bigorre, dépendant de notre ancien domaine pauvre, stérile
et sujet à diverses incommodités de grêle, gelées
et autres accidens par sa proximité, et la plupart
d'icelui étant dans les Monts=Pyrénées, obligés à
de grandes dépenses, etc., etc. etc.» Ces lettres-
patentes furent confirmées par Louis XIII, et
pour les mêmes motifs.

M. le Bret rapporte aussi dans ses mémoires
écrits en 1700, que la grêle est très=fréquente en
Béarn. En effet, rien ne prouve d'avantage, ainsi
que je l'ai déjà dit ailleurs, les terribles effets
produits par les orages dans les Pyrénées, que le
grand nombre de chapelles autrefois établies sur
les montagnes, d'où ces orages viennent ordinai-

rement. M. Flamichon rapporte que ces pieu
établissemens étaient desservis une partie de l'an
née, par des chapelains qu'on supposait capable
de conjurer la grêle et la foudre. Il indique plusieurs chapelles élevées sur les montagnes, qu'on
regarde comme très=orageuses ; telles sont dan
les pays Basques, la Rhune, Oillarandoy, Oris-
son, Saint=Sauveur, Nethé, Saint=Antoine, la
Magdelaine et plusieurs autres.

S'il est vrai que la nudité des rochers et des
montagnes dépouillées de verdure, peut influer
sur l'origine des orages, il n'est pas douteux que
la destruction journalière des forêts devrait rendre successivement les orages encore plus fréquens ; cette conjecture semblerait justifiée par
quelques observations.

On a remarqué que l'exploitation de celles de
l'Appennin de Pistolle, avait produit un change-
ment notable dans ce climat. Les orages, depuis
cette époque, sont, dit=on, plus violens qu'autrefois.

M. Flamichon rapporte que les nuages orageux
des Pyrénées sortent de la cime, des flancs, et
principalement des montagnes les plus arides.

M. Rauch attribue la cause de la formation de
la grêle aux circonstances suivantes. Nous allons
transcrire ici la manière dont il s'exprime à ce
sujet :

   « Les arbres peuvent être considérés comme
» les paratonnerres naturels, destinés à attirer,
» à absorber ou à diviser les élémens de la foudre.
» Plus ils sont multipliés pour le danger et dimi=
» nués pour l'homme et ses troupeaux.

   » La grêle semble aussi devoir sa formation
» destructive à la trop grande absence des forêts,

» parce que les nuages orageux n'étant plus main-
» tenus à une distance convenable de la terre
» par de grandes masses de bois, les vapeurs s'é-
» lèvent dans les régions glaciales qui congèlent
» les eaux vaporisées et les font tomber par mas-
» ses de glaçons, au lieu de pluies fécondantes :
» ces malheurs se renouvellent sans cesse pen-
» dant la saison des orages dans la France déboi-
» sée, et presque toujours au moment où les ré-
» coltes préparées par les travaux de toute une
» année, présentent déjà la perspective de leurs
» prochains tributs. Leur perte devient soudain
» un objet de désespoir, au lieu de la consolation
» qu'elles promettent ». *Voyez la régénération
de la nature végétale*, par F. A. Rauch, t. 1,
pag. 118.

Mais l'opinion de cet observateur semblerait
contraire à celle de M. Volta ; ce célèbre physicien a observé que le nuage qui récèle la grêle,
n'est pas dans la haute région de l'atmosphère ; et
en effet on voit souvent éclater les orages au-dessous dans des lieux même faiblement élevés. La
sérénité règne au-dessus de la tête de l'observateur, tandis qu'à ses pieds l'orage ravage les campagnes. Ce que j'ai vu moi-même, ainsi que je
l'ai dit dans mon essai sur la minéralogie des Monts
Pyrénées, et dont je ne peux me défendre de faire
encore ici mention, ce rapport étant plus approprié au sujet que je traite dans ce mémoire.

Le 20 juillet 1780, je me rendis dans la vallée
de Barège avec M. Flamichou, ingénieur-géographe ; l'habitude où nous étions de voyager dans
les Pyrénées, nous rendit attentifs malgré la sérénité du ciel, à de légers nuages où l'œil con-
naisseur voit comprimé l'orage qui se prépare ;

nous jugeâmes que le tonnerre se ferait bientô
entendre, persuasion qui nous empêcha de péné
trer au-delà de Gavarnie, où nous étions arrivé
vers les dix heures du matin. Insensiblement le
montagnes s'obscurcirent, et vers les deux heures, le tonnerre commença à gronder au loin du
côté de Lus; on n'entendait qu'un bruit sourd
et continu; mais les éclairs redoublés qui per=
çaient des nuages noirâtres, mêlés d'une blancheur que l'on regarde comme le funeste présage
de la grêle, nous annonçaient déjà la désolation
des contrées inférieures sur lesquelles cet orage
fondait.

Quoique menacés de partager l'effroi qu'il de=
vait inspirer, nous ne fûmes qu'admirateurs du
terrible spectacle que l'horizon présentait. Le
tonnerre ne gronda que faiblement au-dessus de
nos têtes dans cette région aérienne.

Nous descendîmes le lendemain vers la plaine,
en suivant la branche du Gave qui prend sa source
aux montagnes de Gavarnie; les eaux avaient leur
limpidité ordinaire, mais elles ne la conservè=
rent que jusqu'à Gèdre : ici nous vîmes qu'elles
se mêlaient avec les eaux alors bourbeuses d'un
torrent qui se précipite des sommets qui dominent la chapelle de Notre=Dame de Héas.

Empressés de recueillir quelques détails, nous
apprîmes à Gèdre que le territoire de ce village
avait été dévasté, que les champs ravagés par
la grêle avaient perdu leurs fruits; nous ne tar-
dâmes pas à voir nous-mêmes les dégâts causés
par l'orage; des prairies qui, la veille, charmaient
la vue, étaient ensevelies sous des monceaux de
pierres ou noyées sous des amas d'une boue encore
liquide; les flancs des montagnes étaient coupés

de ravins, là, où nous n'avions pas même trouvé une simple rigole.

La dégradation extrême des chemins nous aurait empêché de sortir de cette vallée, qui, depuis Gèdre jusqu'à Saint-Sauveur, n'est qu'une gorge étroite bordée de hautes montagnes par lesquelles le voyageur ne trouve aucune issue, si MM. les officiers municipaux de Lus, occupés de la conservation d'une prodigieuse quantité de bestiaux, que des conventions faites avec l'Espagne obligeaient d'éloigner des montagnes de la région supérieure ne s'étaient empressés de faire ouvrir de petits sentiers à travers les lieux dégradés.

Dans l'espace d'une matinée, la communication fut rétablié; mais ce tems ne suffit pas pour diminuer l'horreur d'un grand nombre de précipices, ni le danger auquel on était exposé; ce ne fut qu'avec des peines infinies que nous arrivâmes à Lus, où nous apprimes que l'orage n'avait pas été moins violent à Barèges, et qu'une partie de la grande route qui mène à ces bains avait été détruite; c'est ainsi que dans un court espace de tems la surface des Pyrénées fut changée entre Barèges et Gavarnie.

D'autres observateurs ont vu souvent la grêle se former au-dessus d'un vallon, à une hauteur fort inférieure à celle des montagnes voisines qui jouissaient pendant ce tems=là d'une douce température. C'est sans beaucoup de fondement qu'on se représente les nuages comme si fort élevés au-dessus de nos têtes; ils sont, au contraire, très-voisins de nous dans les grands orages. *Nouveau dictionnaire raisonné de physique et des sciences naturelles*, etc., t. 2, p. 584.

Au reste, quoique les orages n'éclatent point dans la haute région de l'atmosphère, j'ai remar=qué néanmoins que la grêle était plus fréquente lorsque les neiges tardaient à fondre sur les mon=tagnes. Par une raison contraire, ils semblent plus rares dans le cours de l'été, qu'au commen=cement de cette saison et au printemps.

Ils viennent ordinairement du S. S. O. ou du S O.

Ils sont, en général, d'une courte durée lors=que le vent est violent. Il m'a paru aussi que les coups de tonnerre étaient moins éclatans quand les orages se trouvaient mêlés de grêle. Le bruit causé par ce météore semble plus sourd et continu.

On a remarqué, dit M. Flamichon, que c'est vers la fin d'avril, en mai et juin que les Pyré=nées sont les plus orageuses..... Presque tous les jours, quand le temps est calme et le ciel serein, vers les huit et neuf heures du matin, de gros flocons de vapeur blanche et légère sortent, ainsi qu'on l'a déjà vu, de la cime et principalement des flancs des montagnes les plus arides ; ils s'é=lèvent lentement dans les airs et se meuvent légè=rement autour des lieux dans lesquels ils pren=nent naissance.

Ces vapeurs circulent et semblent flotter à tout vent dans le pourtour de la sommité....... Cette dispersion de vapeurs par flocons détachés dure ordinairement depuis huit à neuf heures du ma=tin, jusqu'à onze heures ou midi : s'il se détache ainsi pendant la matinée, beaucoup de flocons sé=parés de la masse générale, il n'y aura point d'o=rage ce jour là ; mais si la masse, à midi ou deux heures, devient plus épaisse et acquiert plus d'é=tendue et parvient à s'unir avec une autre masse semblable, de midi à deux heures, accumulée à l'entour d'une autre sommité, bientôt les masses voisines se réunissent successivement de proche en proche; et au lieu de s'élever et de se dissiper en flocons détachés, elles se précipitent au=dessous du lieu qui les voit naître et se condensent de plus en plus à la surface des montagnes inférieures où le tonnerre se fait bientôt entendre; le nuage fond en eau et trop souvent en grêle, soit sur les montagnes ou dans les plaines, en suivant ordinairement des lignes qui se prolongent du S. O. au N. E. dont la largeur n'excède point communément une lieue; la longueur s'étend au contraire à une distance infinie.

Je me plais à croire qu'on ne sera point fâché que j'insère ici l'opinion du très=célèbre Théophile de Bordeu, relative à la formation des orages dans les Pyrénées. On la trouve rapportée dans ses lettres adressées à madame de Sorberio, p. 105, où il s'exprime de la manière suivante :

« On est bien agréablement surpris de voir les orages se former; il n'est personne qui, pendant les jours les plus sereins, ne sache bientôt les prédire; on les voit comme une vraie fumée, sortir de certains petits trous des montagnes; il forme de petits nuages qui augmentent de plus en plus; les éclairs commencent à paraître, et le bruit succède; cette fumée, ces vapeurs souterraines font l'orage que l'on entend quelque fois gronder sous ses pieds; je laisse chercher aux physiciens la cause de tous ces phénomènes. »

Voici comment M. de Saussure explique la formation des orages qui éclatent sur les Alpes :

« On connaît les nuages que l'on a nommé *Parasites* et qui s'attachent à la cime des montagnes

et qui souvent, comme ceux de la montagne de
la Table, au Cap de Bonne-Espérance, sont les
précurseurs de grains et d'orages. M. Ducarla a
publié dans les journaux de physique de l'année
1784, un grand nombre de faits intéressans sur
les nuages parasites. On voit fréquemment des
nuages de ce genre, se former sur la cime du
Mont=Blanc, et là aussi on les regarde comme des
indices de mauvais temps, p. 280.

» Quant aux orages, je n'en ai vu naître dans ces
montagnes que dans le moment de la rencontre
ou du conflit de deux ou plusieurs nuages, au
Col du Géant. Tant que nous ne voyons dans l'air
qu'un seul nuage, quelque dense ou quelque obs-
cur qu'il parût, il n'en sortit point de tonnerre,
mais s'il s'en formait deux couches, l'une au-dessus de l'autre, ou s'il en montait des plaines ou
des vallées qui vinsent atteindre ceux qui occu=
paient les cimes, leur rencontre était signalée par
des coups de vent, de tonnerre, de la grêle et de
la pluie, 283. »

J'ai pareillement fait mention dans mon Essai
sur la Minéralogie des Monts = Pyrénées d'une
montagne de marbre qu'on nomme Binet, située
à l'orient du village de Lurbe, au pied de la région inférieure de cette partie de la chaîne ; il
passe pour constant qu'elle présage les changemens de temps selon qu'elle est plus ou moins
couverte de nuées et de brouillards : les Pyrénées
fournissent d'autres exemples de cette nature.

Mon goût pour l'histoire naturelle, ne s'accom-
modant point d'un genre de vie sédentaire, je n'ai
pu donner une attention particulière à la météo-
rologie ; ainsi, je ne saurais présenter, relative=
ment aux orages, que des observations isolées,

peu nombreuses, et dont j'étais bien loin de prévoir l'emploi.

Mais les questions imprévues, proposées par Son Excellence le Ministre de l'Intérieur, ne pouvant être éclaircies que par un travail de plusieurs années et non interrompu, j'ai cru pouvoir offrir aux physiciens, des faits quoique rassemblés au hasard et sans dessein; ils sont le résultat ou de mes propres observations, ou de celles dont divers curieux de la nature se sont occupés.

Il est possible que les lacunes qu'elles présentent aujourd'hui, puissent être remplies par un travail météorologique, qui nous est encore inconnu et auquel on a pu se livrer dans le silence. Il semble donc permis de présumer que mon catalogue, quoique très-imparfait, ne sera pas entièrement inutile; c'est dans cet espoir que j'ai cru pouvoir le publier; mais sans l'accompagner de longs détails. Il est aisé de concevoir qu'un pareil récit serait d'une trop grande étendue pour devoir trouver place ici; l'objet que je me propose est seulement d'indiquer dans ce chapitre les lieux où l'on a éprouvé des orages mêlés de grêle, et la date du jour où ils ont éclaté. Je vais donc me borner à cette indication sommaire, et ne donner que peu d'étendue au récit des orages même les plus remarquables; mais je crois auparavant devoir faire observer que ce fléau, suivant le témoignage de plusieurs physiciens, se montre plus fréquent depuis quelques années qu'il ne l'était autrefois; et cette opinion est assez généralement répandue parmi les cultivateurs.

Ce n'est aussi que par des observations comparatives qu'on peut se flatter de savoir pourquoi certains lieux sont périodiquement sujets à la grê-

le, ou que d'autres l'éprouvent presque tous les
ans : ce sont surtout, dit M. Laboulinière, les
cantons situés à la racine de la chaîne. Ce savant
observateur nous fait connaître l'ordre des chances
qu'ils courent dans le département des Hautes=
Pyrénées ; ceux qui, d'après une expérience constante, sont le plus souvent grêlés :

Arrondissement de Tarbes. Tournay ; Trie ;
Ossun ; Tarbes, sud ; Poyastruc ; Rabastens ; Tarbes, nord ; Galan.

Arrondissement de Bagnères. Castelnau de Ma-
guoac ; Lannemezan ; Bordères ; Arreou ; Nestier ;
Mauléon=Barousse.

Arrondissement d'Argelès. Lourde ; S.¹=Pé ;
Luz. *Manuel statistique du département des Hau-
tes=Pyrénées.*

L'ingénieux auteur des voyages dans les Pyré=
nées Françaises rapporte que le Rustan est désolé
annuellement par la grêle.

Il dit aussi que les orages sont fréquens et terribles dans les Pyrénées, et qu'ils durent quelquefois plusieurs jours de suite, ce que j'ai moi-
même remarqué. Je me rappelle qu'à la fin du
mois de juin et au commencement de juillet, de
l'année 1778, le temps fut très=orageux dans les
Pyrénées, et que dans la nuit du 29 il y eut un
violent orage accompagné d'éclairs et de tonnerre,
à Bellegarde, dans le Roussillon.

Le 30 juin on en éprouva un autre, non moins
terrible, dans la commune d'Arles.

Il tonna le lendemain à Pratz de Mouillou.

Deux ou trois jours ensuite à Montlouis.

Le lendemain le tonnerre se fit entendre dans
la commune d'Usson.

Dans celle de Dax le jour qui lui succéda.

Le surlendemain à Vic=Dessos; le jour suivant
à Vic=Dessos encore.

MM. Ramond, Léon Dufour et d'autres observateurs rapportent que les orages sont très=fré=
quens dans les Pyrénées.

On peut bien croire qu'ils m'ont souvent con-
trarié durant mes longs et fatiguans voyages. J'ai
plus d'une fois été obligé de séjourner dans des
mauvais gîtes où je me serais mort d'ennui sans
mon goût pour la musique et les doux sons d'un
instrument à vent dont je me plaisais à jouer.

« On sait qu'en général les régions montagneu-
» ses sont le théâtre habituel des météores et des
» mutations atmosphériques ; mais les Pyrénées
» présentent à cet égard, des particularités très=
» remarquables, lorsqu'on s'élève sur les hau=
» teurs qui les dominent ; on y jouit rarement
» d'un ciel serein ; souvent, au milieu du plus
» beau jour, on voit l'horizon s'obscurcir tout-à-
» coup, des nuages s'amonceler sur les sommités,
» se diriger de l'une à l'autre avec une espèce
» d'ondulation qui les fait ressembler aux vagues
» d'une mer agitée, s'étendre jusque dans la
» profondeur des vallées, et après avoir dérobé
» au spectateur la clarté des cieux, lui présenter
» la vive lumière des éclairs, précurseurs de la
» foudre qui bientôt gronde sur la tête et répand
» partout l'épouvante. A de semblables hauteurs,
» c'est une chose terrible qu'un orage, et les
» entrailles même de la terre semblent n'être pas
» un asile assuré contre les ravages qu'il opère ;
» le mugissement des vents, les éclats du ton=
» nerre, le débordement des torrens, menacent
» de tout engloutir. C'est la nature en convulsion,
» soumise à des déchiremens affreux !... Est-il

» étonnant qu'un semblable phénomène soit sou-
» vent l'occasion des terribles événemens que
» nous avons rapportés, qu'il produise ces ébou-
» lemens, ces crevasses qui présentent ensuite
» l'image de la destruction ? » *Manuel statistique du département des Hautes=Pyrénées*, pag.
117.

I V.

Liste de plusieurs orages, accompagnés de Grêle.

La grêle du 24 juin 1778, qu'on peut en quelque sorte regarder, comme un fléau général,
causa de grands ravages dans toute la généralité
d'Auch; plus de deux cents communes furent
maltraitées, environ 40 paroisses perdirent toute
espèce de récolte. *Voyez la Circulaire des Pyrénées* du 14 juillet 1778.

Le 1.er juin 1782, grêle dans plusieurs communes du Béarn; à Ogenne, à Monein, etc.,
etc., principalement dans celle d'Orion.

Le 10 juin 1782, grêle au Vicbilh.

Le 9 septembre 1782, grêle à Monein.

Le 6 octobre 1782, grêle dans la commune
d'Urrugne; cet orage s'étendit jusqu'à Jurançon
et ravagea sur son passage plusieurs parties du
département des Basses=Pyrénées.

Le 9 octobre 1782, grêle sur le territoire de
Luc, entre deux et trois heures du soir; dans
cette même année, la même commune essuya
cinq orages accompagnés de grêle.

Le 16 juin 1802, grêle à Musculdi, Ainharp,
Charritte, Nabas, Rivehaute, etc., etc.; elle
tua des animaux tels que cochons et des oies.

Des lettres d'Auch du 15 thermidor an 12 portent : que tout le département du Gers est dans la désolation, la plupart des communes de ce pays ont été ravagées par la grêle ; le même jour et presque simultanément, M. le sous-préfet de Condom marque à M. le préfet du Gers, qu'avec 150,000 fr. on ne réparerait pas seulement, les couverts dégradés, depuis Manciet jusqu'au Houga. « Plu-
» sieurs maires, dit-il, mandent qu'ils m'écri-
» vent, les yeux mouillés de larmes, ils n'en-
» tendent de toutes parts que plaintes et gémis-
» semens et qu'enfin, de mémoire d'homme, on
» n'a pas vu d'aussi fâcheux désastres. » *Journal des Basses-Pyrénées* du 15 thermidor an 12.

Le 5 juin 1805, grêle à Ogenne, dont les grêlons étaient comme des œufs de poule ; elle ravagea en même-temps les communes de Sus, de Gurs, de Jasses, de Dognen, de Lay, etc., etc. Cet orage s'étendit jusqu'à la Garonne, le long des Pyrénées, et causa de grands ravages dans la commune de Sauveterre et autres lieux circonvoisins ; dans l'arrondissement de Lombés, le même jour fut désastreux pour un grand nombre de communes : l'orage éclata à Boulogne sur les quatre heures après midi, et ravagea le territoire de vingt communes ; Tournas, Geusac, Blajeau, Montmorin, Scanecrabe, St.-Pé, Montbernard, Lisbac, etc., etc. *Feuille économique* du 3 messidor an 13.

Le 29 octobre 1808, grêle dans les communes de Gurs, de Prechac, de Lay, d'Ogenne.

Le 17 avril 1809, grêle dans les communes d'Ogenne et de Camptort, à cinq heures du soir.

Le 26 mai 1809, grêle dans la commune d'Aubertin.

Dans la nuit du 8 au 9 de septembre 1810, grêle dans la commune d'Ogenne.

Le 17 avril 1811, grêle à Camptort et Ogenne.

Le 18 septembre 1811, grêle sur le territoire d'Ogenne et de Lay.

En 1818, on a essuyé dans la métairie de Rousse, située sur le territoire de Jurançou, huit orages mêlés de grêle.

Le 7 mai 1819, grêle pendant la nuit à Ogenne.

Le 21 mai 1819, grêle au département du Gers où 50 communes furent ravagées par ce terrible fléau.

Le Mémorial Béarnais rapporte qu'aux environs d'Orthez plusieurs milliers de cultivateurs, habitans de plus de 60 communes, eurent la douleur de voir disparaître le 24 du mois de mai 1819, une des plus riches récoltes, fruits de leurs fatigues et de leurs travaux, par une grêle des plus terribles.

Le même Journal dit aussi, que la grêle a ravagé 60 communes dans le département des Hautes-Pyrénées.

Le 26 mai 1819, grêle dans les communes d'Aubertin, Ste.-Colomme, etc., etc.

Le 4 juin 1819, grêle à Ramous, Puyau, Escos, Labastide, etc., etc.

Le 24 mai 1820, grêle aux environs de Navarrenx, et le même jour entre Tilh et Belloc.

Voici ce que l'on écrivait de Pau le 30 mai 1820 : les environs de Garlin ont été ravagés par la grêle la semaine dernière ; on annonce aussi qu'il a grêlé dans le département des Hautes-Pyrénées.

On lit dans la bibliothèque physico-économique de décembre 1821, qu'au commencement de juillet

de cette année, les arrondissemens de Mirande,
d'Auch, de Lombez (Gers), de Tarbes (Hautes-
Pyrénées), etc., etc., ont perdu dans peu d'instans la magnifique récolte que le laboureur regardait avec délice; tout fut saccagé par la grêle,
enfoui, les pampres rompus, les arbres escoriés;
sans le maïs que l'on a coupé aussitôt et qui a
repoussé vigoureusement, tous ces pays étaient
complettement ruinés, et un plus grand nombre
de familles abandonnaient leurs exploitations dévastées. Page 416.

En juillet 1821, une grêle affreuse a ravagé
les communes d'Ondres, Tarnos, Saint-André,
Biaudos, Saint-Laurent, et autres dans le département des Landes. On a fauché les bleds; on
a arraché le maïs pour labourer et resemer.

A cette même époque plusieurs communes du
département des Basses-Pyrénées, ont été endommagées par la grêle : par suite de cette grêle
les grains ont éprouvé une légère hausse. Les
journaux des départemens voisins, parlent aussi
des ravages que la grêle a occasionné dans plusieurs localités. *Mémorial Béarnais du 10 juillet*
1821.

Ce même journal, 10 juin 1822, rapporte que
la grêle a déjà ravagé plusieurs communes du canton d'Arthez, arrondissement d'Orthez. Il a pareillement grêlé mais avec moins de violence
dans quelques communes du canton de Lescar.

On lit dans les journaux du 28 mai 1823, « que
» les départemens de la Haute=Garonne, des
» Hautes et des Basses-Pyrénées, viennent d'être
» ravagés par un fléau avec lequel ils sont mal-
» heureusement familiarisés. Le 15 et le 18 de
» ce mois, il est tombé une grêle d'une grosseur

» énorme et d'une forme exactement ronde.
» Quoique la plupart des communes où ce terri-
» ble météore est passé, aient à déplorer des per-
» tes considérables, néanmoins on doit se félici-
» ter que le vent ne soit point venu accroître
» sa fureur; le temps est resté calme, ce qui a
» amorti les coups et empêché la diffusion du
» fléau. On a coupé les fromens et les seigles per-
» dus pour la prochaine récolte. Les vignes sont
» dépouillées non seulement de leurs pampres et
» de leurs fleurs, mais encore d'une partie de
» l'écorce des souches. »

Le 2 juillet 1823, grêle dans la commune d'O-
genne.

Il a grêlé au même lieu le 19 août, à neuf
heures et demie du soir.

Je dois ajouter à cette nombreuse liste que
pendant le temps qui s'écoula entre l'année 1772
et 1776, il y eut, le 26 juillet, à Bernadets,
non loin de Morlàas, un violent orage suivi d'une
grêle qui ravagea cette commune et causa de
grands dégâts dans l'habitation de M. le baron
de Laussat.

Il n'est pas douteux que, quelle que soit la
cause du fléau, dont nous venons de voir les ravages, les pays situés au pied des Pyrénées s'y
trouvent fréquemment exposés. Mais sont=ils
plus communs aujourd'hui qu'ils ne l'étaient autrefois, comme quelques personnes pencheraient
à le croire, ou n'est-ce qu'une augmentation
passagère? On ne pourra décider cette impor=
tante question qu'à la faveur des observations
météorologiques.

Cependant je ne serais pas étonné qu'on adop-
tât à cet égard, l'opinion de M. le baron de

Vallier, qui s'exprime dans les termes suivans :

« Ne pourrait-on pas présumer, dit ce bon
» observateur, que les dégâts occasionnés par la
» grêle, nous paraissent plus sensibles depuis
» que le nombre des terres cultivées s'est accru
» dans divers départemens le long de la chaîne
» des Pyrénées ? Car, lorsque ces montagnes et
» les collines étaient plus couvertes de bois, on
» remarquait moins les effets du fléau dévasta-
» teur qui tombait sur partie de ces bois, que
» quand on lui voit ravager des vignobles dont
» les pampres sont si tendres, ou des champs
» couverts de différentes plantes céréales. Un
» particulier est bien plus occupé du mal que les
» orages causent à ses champs, ses vergers et ses
» prairies qu'à ses bois. Les gens les plus âgés
» n'ont point remarqué que les orages soient plus
» fréquens aujourd'hui qu'ils ne l'étaient il y a
» 60 ans. Mais qu'on leur demande s'ils voient
» aujourd'hui plus de terres cultivées, ils répon-
» dront tous sans exception, affirmativement. »

V.

Liste de quelques orages accompagnés de tonnerre, sans être suivis de grêle.

J'ai déjà dit dans mes mémoires, qu'on pouvait juger de la violence des orages qui se font
ressentir dans les pays adjacens des Pyrénées,
par les désastres que les météores aqueux y causent et que les nombreux et funestes effets produits par la foudre, concouraient pareillement à
prouver cette vérité.

Les éclats de tonnerre, répétés par les échos
d'un nombre prodigieux de sonores vallées, et

précédés d'épouvantables éclairs qui sillonnent la
nue, portent souvent au loin, la consternation et
l'effroi. En effet, il serait difficile de peindre le
terrible aspect de ce ciel embrasé, ni d'exprimer
l'horreur qu'inspire le bruit long-temps prolongé
du tonnerre. On aurait sujet de s'étonner des
nombreux accidens et désastres que ce météore
occasionne, si quelque physicien prenait la peine
de faire et de publier des observations météorologiques.

Il n'est pas douteux qu'ils sont beaucoup plus
fréquens que ceux dont je viens de faire l'énumération; mais j'ai cru devoir me borner au récit
d'un très=petit nombre, car si l'on voulait les
rapporter tous, on pourrait en former plusieurs
volumes. Voici la liste de quelques=uns qui m'ont
paru aussi violens que singuliers, et dont la con=
naissance ne sera peut=être pas inutile pour l'ex=
plication de certains faits relatifs à ce météore
ignée.

Le premier exemple des effets désastreux du
tonnerre dont je vais faire mention est relatif
au château de Coarraze; et quoiqu'il faille rap=
porter son plus ancien incendie au 17.ᵉ siècle,
j'espère qu'on m'excusera d'en donner ici connaissance à cause de la célébrité que cette habitation
a acquise depuis le séjour qu'Henri IV y fit bientôt après sa naissance.

Le château de Coarraze fut détruit par le feu
du tonnerre à la fin du 17.ᵉ siècle, comme je
l'ai dit; accident qui survint pareillement, il y
a quelques années, dans les écuries, qui devinrent la proie des flammes. Je ferai observer, en
outre, à l'occasion de ces incendies, comme chose
singulière, que ce même château avait été brûlé

sous le règne de Catherine, reine de Navarre, par suite d'un jugement qui condamnait à mort le comte de Carmaing, baron de Coarraze, accusé de plusieurs crimes.

Le 29 de septembre 1777, il s'éleva un violent orage dans la vallée de Baretous : trois jeunes bergers et une fille se mirent à l'abri sous un hêtre ; la fille, munie d'une couverture, la partagea avec un d'entr'eux. Les deux autres s'adossèrent contre l'arbre. Dans cette situation, placés, deux à deux, aux côtés opposés du hêtre, ils attendaient que l'orage se calmât pour retourner à leurs habitations, lorsqu'il survint un grand coup de tonnerre qui tua les deux jeunes gens, sans laisser sur eux aucune trace de blessure. La fille, et celui qui se trouvait près d'elle, furent grièvement blessés par le même coup de foudre, qui leur brûla, depuis la tête jusqu'aux pieds, le côté du corps par lequel ils se touchaient ; mais leur plaie ne fut point mortelle ; ils échappèrent à l'accident qui avait fait périr les autres.

Quelques années avant la révolution française M. Lansac, habitant de Pau, se rendait en voiture à Tarbes ; arrivé vers les onze heures du matin au nord de la côte de Ger et dans la belle plaine où cette ville est située, il fut assailli d'un violent orage durant lequel la foudre écrasa un des chevaux de la voiture et le postillon qui la menait.

Le 14 du mois de juillet 1778, un accident funeste répandit le deuil dans la paroisse d'Arros, entre Pau et Nay : une femme et plusieurs personnes de sa famille, occupées aux travaux des champs, furent obligées de se réfugier sous un arbre, pour se garantir de l'orage. A peine y

était-elle, que le tonnerre tomba. Elle fut étouf=
fée, ainsi que sa servante. Une de ses sœurs eut
les jambes à demi brûlées, mais on espère de
lui sauver la vie. Une autre de ses sœurs et un
jeune homme, qui étaient à quelques pas, ac=
courent pour leur donner d'inutiles secours; à
l'instant ils tombent l'un et l'autre dans des con-
vulsions effrayantes; cependant on ne désespère
pas de leur guérison. Voyez la *Circulaire des
Pyrénées*, du 14 juillet 1778.

Le 24 septembre 1787, sur les cinq heures du
soir, le ciel se couvrit de sombres nuages. Le
tonnerre gronda du côté de l'ouest. Chaque coup
était précédé par les éclairs les plus vifs. L'orage
continua pendant la nuit avec plus ou moins de
violence; mais il redoubla d'une manière terrible
vers une heure et demie du matin; deux grands
éclats de tonnerre réveillèrent les habitans de la
commune d'Ogenne, intimidèrent les plus hardis.
Une lumière éblouissante, qui pénétra dans ma
chambre, me fit craindre que la foudre ne fût tombée sur la maison, heureusement cela n'arriva
point. Mais voici les funestes et singuliers effets
que j'observai le lendemain, dans une étable du
sieur Charritte, voisine de mon habitation.

Ce bâtiment, situé sur la crête d'une colline
est exposé de toutes parts à la fureur des vents :
un des côtés fait face au N. O., et l'autre au S.
E. ; les deux extrémités regardent le S. O. et le
N. E. ; il est ombragé du côté de son angle occi-
dental par un bouquet d'arbres, parmi lesquels
on doit distinguer un chêne roure et de plus un
châtaignier, placés à dix pieds de distance l'un
de l'autre, et dans la même direction que l'étable, mais un peu plus reculés vers le N. O.

Ayant d'abord observé le chêne, je découvris sur la tige, à huit pieds de hauteur, et du côté du couchant, que la foudre avait enlevé un morceau d'écorce d'environ demi pied de longueur, sur trois pouces de large ; elle avait endommagé pareillement une des racines du chêne, et de plus, écarté la terre qui la couvrait.

Le châtaignier présentait aussi des traces de la chute du tonnerre ; je remarquai sur la tige, du côté de l'E, plusieurs sillons étroits, et dont la longueur ne me parut pas excéder 4 pieds. Ils se prolongeaient jusqu'au pied du châtaignier, mais l'aubier était intact ; ces espèces de rainures ne se montraient que dans l'écorce : on peut comparer ces effets de la foudre, à des déchirures que les longues griffes d'un animal seraient capables de faire.

A dix pieds du châtaignier, est l'étable dont nous avons parlé et dans laquelle étaient trois vaches avec une génisse, la pénultième du rang. Toutes étaient attachées le long de la mangeoire placée contre le mur qui regarde le N. O. et dirigé par conséquent du S. O. au N. E.

Trois de ces animaux, frappés de la foudre, furent trouvés morts ; savoir : la première vache, la plus voisine des arbres, la génisse et la vache qui était la dernière de cette rangée. Aucune blessure extérieure ne paraissait sur leur corps : on trouva ces malheureuses bêtes dans une situation qui fait présumer qu'elles étaient couchées au moment qu'elles périrent : les chaînes de fer avec lesquelles ces vaches étaient attachées, ainsi qu'un lien de bois qui fixait pareillement la génisse à la mangeoire, ne présentaient pas des traces de la foudre ; il fut impossible de découvrir par quel endroit elle avait pénétré dans l'étable, mais il est à présumer qu'elle passa par une lucarne qui éclairait la mangeoire du côté du sud ouest.

Quoique couvert en partie de chaume et plein de fourrages, le bâtiment ne fut point incendié, ni nullement endommagé; le feu du tonnerre dut sortir par les ouvertures qui se trouvaient dans plusieurs parties d'une grande porte située au N. E.

La frayeur de la vache que la foudre avait épargnée et qui était la 2.ᵉ du rang, fut si grande, qu'on fit de vains efforts pour la ramener au même lieu qu'elle occupait dans l'étable.

Tels furent les effets terribles et singuliers produits par cet orage et qui m'ont paru mériter place parmi le grand nombre de faits curieux que les physiciens recueillent chaque jour.

Cet épouvantable orage étendit ses ravages dans plusieurs autres contrées; le feu du ciel tomba sur une grange à Navarreux, et sur une maison de la commune de Blachon, située au Vicbilh; la pluie fut tellement abondante dans les Pyrénées, que les eaux rompirent le chemin de Barèges et celui de Cauterets. Les rivières de ces montagnes ayant grossi considérablement, causèrent beaucoup de dégâts: le Gave d'Oloron emporta le bateau de Saucède et renversa dans la commune de Leu, près Sauveterre, la digue du moulin.

Le 25 juillet 1803, et vers une heure du matin, de grands éclats de tonnerre se firent entendre dans la commune d'Ogenne: la foudre tomba dans quatre endroits différens, aux environs de l'église; savoir: sur un grand chêne antique dont la circonférence est de 19 pieds à sa base, et dépendant de la maison de Domec; sur un autre chêne d'un petit bois dont celle de Betbeder est ombragée; sur un 3.e chêne qui s'élève au milieu d'une prairie appartenant à la maison Boussaque, très=voisine de Betbeder, enfin, sur un pommier de la métairie Bordenave, sous lequel un lièvre fut trouvé mort. Les arbres frappés de la foudre dont je viens de faire mention, sont situés entre deux ou quatre portées de fusil de mon habitation.

Durant cette même nuit, horriblement orageuse, la foudre tomba sur un chêne de la promenade contigue du côté de l'ouest, au château de Sus. Ces malheureux exemples prouvent ainsi qu'un grand nombre d'autres, que la foudre frappe de préférence les arbres.

Le 29 fructidor an 12, la foudre tomba sur une maison de la commune de Luc, arrondissement de Pau; elle passa par la cheminée, perça comme une balle d'un assez gros calibre, le gilet d'un homme qui buvait dans ce moment, lui enleva de la main son gobelet, le porta sans le casser au milieu de la cour, et sans blesser le buveur. La foudre tua un âne attaché devant la porte, ne lui brûla pas un poil, et consuma entièrement la corne de ses pieds. La maison, la grange et tout ce qu'elles renfermaient fut brûlé dans un instant. L'âne seul périt. *Journal des Basses=Pyrénées*, du 5.e jour complémentaire an 12, ou 22 septembre 1804.

Voici ce qu'on écrivait du Mont=de=Marsan, le 23 janvier 1808 : « Le 3 de ce mois, vers les » six heures du matin, la foudre est tombée sur » le clocher de l'église de Poyartin; le même jour, » à=peu=près à la même heure, le tonnerre est » également tombé sur le clocher de l'église de

» Montfort : la promptitude des secours qui fu-
» rent apportés, arrêta les progrès des flammes.»
Mémorial du 6 février 1808.

Voyons encore d'autres effets de ce terrible orage', qui répandit aussi la terreur et l'effroi dans
le département des Basses-Pyrénées. « A la suite
» d'un ouragan et d'un orage affreux qui s'est fait
» entendre dimanche matin 3 janvier 1808, dans
» presque tout le département des Basses-Pyré-
» nées, la foudre a éclaté sur l'église de Pontacq,
» au moment où l'on allait dire la messe. Un es-
» pagnol est tombé roide mort : trente ou qua-
» rante personnes ont été blessées plus ou moins,
» un enfant a eu ses habits brûlés sans éprouver
» aucun mal. » *Journal des Basses-Pyrénées*, du
5 janvier 1808.

« La commune de Lagor a été, le 3 du courant
» au matin, le théâtre d'un événement aussi tra-
» gique que celui qui, le même jour, a mis dans
» la consternation les habitans de Pontacq. Le
» tonnerre est tombé sur le clocher de l'église au
» moment où l'on célébrait la messe ; un grand
» nombre de personnes ont été grièvement bles-
» sées ; deux sont mortes, d'autres sont dans
» le plus grand danger. » *Journal des Basses-
Pyrénées*, du 10 janvier 1808.

Enfin, le même jour 3 janvier, le tonnerre
tomba sur la grange de M. Goes, curé de Ver-
dets, commune située près d'Oloron.

Quoique l'orage dont je vais décrire les effets,
n'ait produit aucun funeste accident, je l'ai cru
néanmoins propre à grossir la liste de ceux dont
je fais ici mention.

Le jeudi 8 septembre 1808, entre sept et huit
heures du soir, le tonnerre grondait au loin ;

après un certain intervalle de temps, il survint un éclair des plus vifs, soudainement accompagné d'un affreux éclat de tonnerre. La foudre tomba sur la croix, placée au sommet du clocher de l'église d'Ogenne.

Ce clocher ne consiste qu'en une simple muraille qui se termine un peu en pointe : celle-ci est surmontée de la croix de fer qui fut frappée de la foudre, jettée à plusieurs pieds de distance dans le cimetière, avec la pierre sur laquelle elle était fixée.

La cloche est placée au milieu d'un arceau et à la distance d'environ trois pieds plus bas que le socle de la croix. Cette cloche ne parut point atteinte du feu du tonnerre ; mais les pierres latérales de l'arceau qui la renferme furent endommagées. La foudre descendit ensuite le long du mur, d'où plusieurs grosses pierres furent détachées : elle se dirigea obliquement vers une barre de fer, en forme de S, produisit en outre une fente qui se prolongea jusqu'à la porte de l'église, située au-dessous et dont elle fit sauter en éclats un morceau de bois ; les pierres du cintre souffrirent aussi de cette commotion, il tomba beaucoup de mortier d'une partie de la muraille, quelques bardeaux de la toiture furent déplacés et tombèrent à terre. L'église est située dans un lieu bas et le clocher n'est pas très-élevé. Il paraît que le fer dont la croix était formée a principalement attiré le feu du ciel sur ce bâtiment.

Il y a des circonstances dans lesquelles le tonnerre communique au fer une grande vertu magnétique ; on lit dans le nouveau dictionnaire raisonné de physique, etc., etc. ; que la foudre tomba un jour dans une chambre où il y avait une caisse remplie de couteaux et de fourchettes, dont plusieurs furent fondus et brisés ; d'autres qui demeurèrent entiers, furent vigoureusement aimantés et devinrent capables de lever de gros clous et des anneaux de fer ; je n'ai point découvert cette dernière propriété dans la croix du clocher d'Ogenne.

Quoique l'orage dont je vais faire encore ici mention, n'aie point non plus été suivi d'aucun funeste accident, il est du moins très-remarquable par la manière effroyable dont il éclata ; la chute de la foudre se faisait remarquer de toutes parts.

Le vendredi 19 juillet 1811, il y eut après midi, dans le canton de Navarrenx et les environs de cette jolie ville, batie par Henri d'Albret, roi de Navarre, située sur les bords rians du Gave d'Oloron dans une plaine agréable et fertile, un violent orage ; plusieurs coups de tonnerre se firent entendre à de courts intervalles les uns des autres. La foudre tomba sur la maison de Peré dans la commune de Lamidou, sur un chêne près de la maison de Talon, située dans celle d'Ogenne ; sur un autre chêne dont la grange de l'habitation de Sahores dans la même commune, est ombragée ; le tonnerre alla tomber en outre, sur un châtaigner non loin de la maison de Betouret, au territoire de Luc qui touche à celui d'Ogenne.

Le mercredi 4 septembre 1811, avant jour, on éprouva dans le département des Basses=Pyrénées un violent orage accompagné d'éclairs et de tonnerre. La foudre tomba dans la commune de Beguios près Garris, sur un arbre près d'une maison qui fut brûlée. La foudre tomba pareillement sur un chêne de l'habitation de St.-Saudens, dans la commune de Dognen près Navarrenx, et sur une maison de Luc nommée Barthe qu'elle incendia.

Le 25 juin 1812, vers les six heures du soir, deux effroyables coups de tonnerre se firent entendre à Navarrenx et se succédèrent rapidement ; le feu du ciel tomba sur le clocher de cette ville sans y causer aucun dommage, et sur un ormeau situé très-près de l'église.

Extrait du Mémorial Béarnais des Basses-Pyrénées, vendredi 3 juillet 1818, n.° 229.

PAU.

Depuis le tremblement de terre qui se fit ressentir le 19 de ce mois, nous avons eu chaque jour des violens orages et des torrens de pluie. La foudre est tombée dans differens endroits, mais sans aucun funeste accident. Voici ce que nous mande d'Orthez un correspondant digne de foi :

« A la suite d'un orage effrayant qui commen-
» ça lundi 20 juillet à midi, et ne finit qu'à qua-
» tre heures, la foudre se précipita sur la mai-
» son de M. d'Estandau, de Ramous : descendue
» à la cuisine par le tuyau de la cheminée, elle
» dispersa le brasier ; une chienne fut asphixiée ;
» la cuisinière qui tenait une casserole à la main
» fut renversée, et la contraction des muscles
» fléchisseurs de la main fut telle qu'elle tint pen-
» dant plus d'un quart d'heure la queue de la
» casserole, sans qu'il fût possible de la lui arra-
» cher ; le feu électrique parcourait en même-
» temps le salon à manger ; les personnes qui
» étaient à table ne le voyaient pas sans effroi
» déranger les mets, entasser singulièrement les

» cotelettes , leur imprimer une saveur sulfu=
» reuse ; le mercure du baromètre qui se trou=
» vait dans l'appartement baissa entièrement ;
» enfin , prenant son essor par la fenêtre, il
» casse cinq à six carreaux de vitre , brise autant
» de lames de la jalousie et en lance quelques
» éclats sur la table. » Dans des événemens aussi
dangereux , on doit rendre grâce à la Providence
d'avoir épargné des personnes également intéressantes et respectables.

Je suis redevable à M. Lenoble , capitaine de
grenadiers , de la connaissance des effets singu=
liers produits par un orage qui éclata sur la ville
de Navarrenx , et qu'il a eu la bonté de me communiquer dans les termes suivans :

« Lorsque le soleil parut sur l'horizon , le 25
» juin 1821 , son disque semblait plus étendu et
» moins brillant qu'à l'ordinaire ; la rosée resta
» long=tems sur la terre ; le morne silence des
» bois attestait la tristesse de la nature , et le
» plus léger zéphir n'effleurait pas même les im-
» mobiles épis , ornement de nos guerets. Vers
» les 9 heures du matin , la chaleur devint plus
» intense ; les poumons oppressés aspirent avec
» peine un air surchargé de fluide électrique ;
» progressivement la température devint plus in-
» supportable , lorsque , sur les trois heures ,
» une légère brise s'éleva ; alors , le soleil avait
» disparu , et nos yeux fatigués n'osaient fixer
» un ciel embrasé et obscurci par des nuages d'un
» noir rougeâtre , sinistres présages du plus ter-
» rible phénomène.

» Bientôt, quelques gouttes d'eau mouillent la
» terre ; le vent augmente de vîtesse ; la pluie
» redouble ; le tonnerre gronde dans le lointain.

» Enfin, les aquilons se déchaînent avec fureur,
» et le sol est inondé en un instant. Mais qui
» pourrait peindre les trois coups de tonnerre,
» dont le bruit effroyable épouvanta les habitans
» de Navarrenx ? Les deux premiers se succédè-
» rent en moins d'une seconde, et le troisième,
» une minute après, déchira les airs avec l'im-
» pétueux fracas que produirait l'explosion d'un
» magasin à poudre. Ce fut ce dernier qui tomba
» sur un arbre de la partie occidentale de Navar-
» renx; d'abord, le prenant à la cime, il le dé-
» chira jusqu'à huit pieds de terre ; puis, tom-
» bant sur une pierre, au pied du même arbre,
» mais du côté opposé, il en réjaillit pour dévo-
» rer l'écorce à trois pieds de hauteur, et enfin,
» disparut.

» On remarqua que dans une grange voisine ap-
» partenant à M. Cocurte, une poutre neuve tom-
» ba de la grange et une porte fut arrachée de ses
» gonts ; on suppose que ces deux accidens sont
» dus seulement à la commotion produite par la
» chute de la foudre.

» Il est à remarquer cependant que les pentu-
» res de la porte furent brisées par le milieu, et
» que la poutre en question était assujettie au
» mur par deux grandes chevilles de fer qui n'ont
» point été endommagées.

» Toutes les fenêtres étant fermées, il est éga-
» lement à noter qu'un bocal de verre, contenant
» des fruits à l'eau-de-vie, fut brisé en morceaux
» dans une armoire hermétiquement close ».

Voici ce qu'on lit dans le *Mémorial Béarnais*,
du 10 juillet 1821. On a souvent parlé des effets
singuliers de la foudre et du danger qu'on courait
à se réfugier sous des arbres pendant l'orage ; les

deux faits suivans qui viennent d'arriver dans la commune de Bosdarros, en offrent une nouvelle preuve.

Trois hommes s'étaient mis à couvert sous un arbre ; la foudre éclate et vient frapper l'un de ces malheureux, tandis que ses compagnons, qui étaient à côté de lui, ne reçoivent aucun mal. On a remarqué que la foudre, après l'avoir frappé à la partie supérieure de la tête, s'était fait une ouverture au=dessous du sein droit, et avait laissé des marques de son passage dans cette partie de son corps qu'elle avait silloné.

Par un heureux pressentiment, un autre homme qui se trouvait à quelque distance, sous un cerisier, est saisi de l'idée que cette place n'est pas sans danger pendant l'orage ; il s'éloigne : à peine a=t=il fait quelque pas, qu'il entend une détonation terrible ; il se retourne ; le cerisier venait d'être brisé par les éclats de la foudre.

Le *Mémorial Béarnais* du 10 juin 1822, rapporte encore le fait suivant : « Une femme de la » commune de Malaussanne, se tenait pendant » l'orage sur la porte de sa maison avec un enfant » en bas=âge entre ses bras : la foudre tombe, » tue la femme qui entraîne dans sa chûte l'en= » fant ; mais celui=ci ne reçoit aucun mal ».

Le 14 septembre 1822, l'orage le plus épou= vantable éclata vers midi un quart de toutes parts dans la plaine voisine de Navarrenx ; cette ville fut la partie la plus maltraitée : la foudre tomba sur deux endroits.

Dans la maison du sieur Dominique, boulan= ger, où elle pénétra par une croisée du premier étage, dont les vitres étaient fixées par des chassis de plomb et de baguettes de fer ; le tonnerre des=

cendit au rez=de=chaussée où il renversa le sieur
Dominique, assis auprès d'une croisée, située
au=dessous de celle du premier étage. Il perdit
connaissance, mais sans avoir reçu aucune blessure. Les seules traces de la foudre qui se mani-
festèrent, se bornèrent à des taches rougeâtres
sur une de ses cuisses. Elle passa, en suivant la
face extérieure du mur et par une porte au rez=
de-chaussée de la maison de M. Gai, négociant,
qu'elle renversa pareillement et lui fit perdre connaissance, effleurra sa jambe gauche et fit quelques raies au bras droit et à la jambe du même
côté. Le feu du ciel ne se borna point à produire
ces funestes effets; un malheureux manœuvrier,
nommé Montalibar, qui goûtait et se livrait au
repos, fut atteint d'un coup mortel sans qu'il pût
proférer une seule parole : il fut asphixié et mourut debout contre le mur sur lequel il était ap-
puyé auprès de M. Gai et d'un manœuvrier. La
chute de la foudre fut accompagnée, dans les deux
maisons où elle tomba, d'une sorte de brouillard
et d'une odeur sulfureuse.

Pendant ce terrible orage, la foudre tomba sur
un chevron de la maison Palas, de Bérerenx, et
à côté d'une feuille de fer blanc, adjacent de la
cheminée de la cuisine. La partie du chevron cou-
pée par la chute du tonnerre, touchait, pour
ainsi dire, à la feuille du métal; il mit, en outre,
le feu dans un grenier où il y avait du lin, brûla
un fauteuil au premier étage, et éclata, enfin, au
rez-de=chaussée dans la cuisine, au milieu de la
famille, et renversa mademoiselle Palas.

Des arbres furent pareillement frappés de la
foudre dans les communes de Sus, Susmion et
Camblonc, voisines de Navarrenx. Elle tomba

aussi, dès le commencement de l'orage, sur un ormeau, situé sur le rempart de cette ville.

Au reste, les maisons de Navarrenx atteintes du feu du tonnerre, et dont il s'agit ici, ne sont éloignées que d'environ cent trente pas du magasin à poudre, qui est surmonté d'un paratonnerre.

Le 5 mars 1823, entre onze heures et midi, le tonnerre tomba sur un ormeau placé sur le rempart de Navarrenx, derrière la maison de M. Gai, qui est située sur la place du marché au bétail où sont les casernes. Le même jour le tonnerre tomba sur l'église de Bosdarros. Voici comme on raconte cet accident dans le Mémorial Béarnais.

» On nous écrit du Bosdarros le 6 mars : Hier
» à huit heures du matin, la foudre tomba sur
» le petit clocher de l'église, enleva la toiture
» d'ardoise, se dirigea sur la chapelle de Sainte
» Anne, où elle détruisit la toiture, fit sauter les
» lambris, écrasa un calice en argent que M.
» l'abbé Latorte, prêtre, venait de placer sur
» l'autel pour y célébrer la messe. Le même feu
» électrique brûla tout le linge de l'autel, brisa
» en quatre la pierre sacrée, renversa et brûla
» en partie la tabernacle. Le feu s'étant divisé,
» une partie perça un gros mur et pénétra dans
» la sacristie ; l'autre se dirigea vers le maître-
» autel où elle fit sauter des pierres de la pre-
» mière marche ; puis elle passa à la chapelle du
» Rosaire où elle fit quelque dégat, notamment à
» la toiture, et presque la totalité des vitrages de
» ce bel édifice sont cassés par la forte commo-
» tion de ce coup; heureusement il ne se trouvait
» dans l'église que deux ou trois individus, et au-
» cun d'eux n'a été atteint.

» La foudre a éclaté dans trois autres endroits
» non loin du village, mais sans avoir causé de
» dommage ».

Quand on connaît les nombreux accidens et dé‑
sastres occasionnés par la foudre dans le dépar‑
tement des Basses-Pyrénées, on s'étonne que
les habitations ne paraissent garnies presque nulle
part de paratonnerres. M. le baron de Laussat,
assez instruit pour savoir apprécier les avanta‑
ges que l'on retire des progrès des arts et des
sciences, est, peut-être, le premier qui, dans
ce pays, ait eu recours à profiter de cette heu‑
reuse découverte. Le paratonnerre établi en 1785
ou 1786 sur le château de Bernadets, et celui qui
est placé sur le magasin à poudre de Navarrenx,
sont les seuls qui aient frappé ma vue à la fin du
dernier siècle. J'aime cependant à me persuader
qu'il en a été dressé ailleurs; mais ne les con‑
naissant pas, il faut croire qu'ils sont rares; il
est vraisemblable que ce moyen préservatif serait
plus employé s'il était moins coûteux.

Les fréquens accidens et désastres occasionnés
par les orages, doivent bien faire désirer que les
physiciens qui s'occupent de la recherche d'un
paragrêle et parafoudre, parviennent à le décou‑
vrir. M. Lapostolle, d'Amiens, croit avoir fait
cette heureuse découverte; mais l'académie royale
des sciences de Paris, sur le rapport de MM. Char‑
les et Gay-Lussac, a pris une décision toute oppo‑
sée; et M. Biot, de l'institut, a adopté entièrement
ses conclusions dans un article qu'il a publié con‑
tre M. Lapostolle, dans le journal des Savans,
cahier de janvier 1821.

D'un autre côté, M. Thollard, professeur des
sciences physiques à Tarbes, a communiqué à la

12

société Linnéenne de Paris, les expériences qu'il a faites d'après les moyens proposés par M. La= postolle : en conséquence M. Voïart a fait dans la séance du 4 juillet un rapport sur les paragrêles. Il demande que la société témoigne à ce zélé cor= respondant, le prix qu'elle attache à son mémoire, et au but qu'il s'est proposé. Le rapport et ses conclusions sont adoptées.

M. Desmarets, membre distingué de cette mê= me société, désirerait, en outre, qu'il fût dressé une carte des cantons les plus habituellement frappés par la grêle, et de ceux où l'on a établi des paragrêles, afin d'en constater de plus en plus les avantages. Le secrétaire perpétuel est chargé de s'entendre à ce sujet avec les correspondans qui se livrent à des expériences sur les paragrêles.

Avant de terminer le chapitre relatif aux effets de la foudre, j'espère qu'on me permettra de par= ler ici d'un autre désastre produit par un globe ignée.

Depuis une trentaine d'années, les pyhsiciens donnent une attention particulière aux globes de feu qui se montrent quelquefois dans l'atmos= phère. J'ai publié la description de quelques-uns de ces phénomènes observés dans les Pyrénées et les contrées voisines, n'ayant néanmoins aucune connaissance de celui qui détruisit la ville de Nay, jusqu'à la publication de l'histoire des troubles survenus en Béarn dans le 16.e et la moitié du 17.e siècles, par M. Poeydavant, curé de la paroisse de St=Martin de Salies. J'espère qu'on ne sera point fâché que je rapporte ce qu'il dit à ce sujet dans son intéressant ouvrage.

« Vers le milieu du seizième siècle, le feu du » ciel tomba sur une cité de Béarn, et sembla

» présager le feu de l'hérésie et de la guerre, qui
» devait bientôt embraser le pays. Le fait est rap-
» porté dans les archives de Navarrenx. On y
» apprend que deux ou trois météores enflammés,
» que le peuple regardait comme des planettes,
» et qu'on appelle *Rugles*, dans le langage du
» pays, se précipitèrent du haut des airs sur la
» ville de Nay, et la réduisirent en cendres. Un
» historien rapporte que cet événement survint
» aux fêtes de la Pentecôte, en un moment où le
» Ciel était serein, et que la flamme de ces glo-
» bes, dirigée en pointe de lance, fut d'une telle
» activité et d'une telle force, que les eaux, dans
» la plus grande abondance, ne pouvaient servir
» à l'éteindre. De 5 ou 600 maisons dont la ville
» était composée, une seule échappa aux fureurs
» de l'embrasement. Cette ville était une des plus
» riches et des plus commerçantes du Béarn. Sa
» destruction fut envisagée comme un châtiment
» du ciel, irrité des crimes des habitans, peut
» être même des vices et des déréglemens du cler-
» gé. Un auteur du pays observe en effet, que
» la corruption des mœurs, la dissipation, le
» jeu, l'avarice, l'ignorance et l'oisiveté qui ré-
» gnaient parmi les ecclésiastiques, furent les
» avant-coureurs de ce schisme qui déchira l'é-
» glise de Béarn, et des malheurs affreux qui
» tombèrent sur cette nation, t. 1, p. 56 ».

Je crois ne devoir pas laisser ignorer, à l'occasion de ce météore ignée, un fait singulier, rapporté dans le bulletin polymathique de Bordeaux
de mai 1820, d'après un rapport d'un grand nombre de personnes dignes de foi; l'affreux événement arrivé le 2 mars dernier à la cathédrale, est
dû à un de ces météores ignées qui, sans déton-

nation, frappa, enleva et jeta sur la voûte transversale, toute la partie supérieure du fronton de
la porte latérale du nord, p. 133.

Il est à regretter de n'avoir pas des détails plus
étendus sur ce phénomène.

V I.

Vents.

Je n'ai point fait d'observations relatives aux
vents; il ne m'appartient donc pas de hasarder
aucune conjecture à ce sujet; mais il paraît que
dans tous les temps celui qui vient de l'ouest ou
du S. S. O, a été regardé comme le plus redoutable.

Nous avons été témoins le 19 janvier 1820, du
furieux ouragan qui causa de si grands désastres;
je l'ai décrit dans mon supplément aux mémoires
pour servir à l'histoire naturelle des Pyrénées;
on sait que plusieurs bâtimens furent renversés,
et que dans le parc seul de Pau, 169 arbres furent abattus; mais cet ouragan venait du S. S. O.
et se dirigeait vers le N. N. E.; il en fut de même
de la tempête dont je vais faire mention.

Pendant une dixaine de jours, on a éprouvé
dans plusieurs parties de la France, vers la fin du
mois de décembre 1821, des tempêtes qui ont
causé plus ou moins de ravages; mais aucune ne
peut être comparée à celle du 24 décembre.

La tempête s'annonça dans la commune d'O-
genne, près Navarrenx, entre neuf et dix heures
du matin, par un bruit sourd, continu, et tel que
celui que plusieurs tambours pourraient produire
au loin. Le ciel était couvert et le brouillard ca-
chait la vue des Pyrénées, situées au S. S. O.,

d'où provenait le bruit qui, peu à peu, se faisait de plus en plus entendre, en même-temps que la violence du vent augmentait ; enfin elle fut terrible et principalement depuis midi jusqu'à deux heures. Des granges furent renversées ; des arbres abattus, et les toitures très-endommagées.

Ce désastre ne fut suivi ni de pluie ni d'orage, comme dans plusieurs autres départemens ; mais quoique cet ouragan fût très-violent, ses effets parurent moindres que ceux qu'on avait éprouvé dans le mois de janvier 1820.

Pendant cette tempête, on a ressenti dans la ville de Dax, deux secousses de tremblement de terre. Elles eurent lieu durant la nuit du 24 au 25.

Les détails suivans sont extraits du Mémorial Béarnais. « La tempête qu'on a ressenti sur toutes les côtes du midi de la France, a causé des dommages à Bayonne et à Saint=Jean=de=Luz. La corvette la Minerve, évaluée quatre cent mille francs a péri. La mer a franchi les chaussées qu'on avait exécuté à Saint=Jean=de=Luz, mais sans les endommager ».

« On nous écrit de Bordeaux qu'un vaisseau, venant des Indes, est venu faire naufrage dans le port de cette ville. La perte est évaluée à un million ».

« L'ouragan s'est aussi fait ressentir avec violence à Oloron et dans ses environs. Un grand nombre de maisons et de granges ont été découvertes ; des arbres ont été renversés, etc., etc. Mémorial Béarnais, du 5 janvier 1822».

J'avais observé des dégâts à peu près pareils dans les montagnes de Sainte-Engrace peu d'années avant 1780. Leurs flancs sont couverts de forêts qui s'étendent presque jusqu'aux plus hautes cimes : ici l'on ne voit que des rochers escarpés, qui ne parent leur tête d'aucune espèce de verdure : le vent seul règne sur ces lieux élevés, ainsi que l'attestent des sapins abattus près du Col de Siscous.

..... *Loca declarat sursum ventosa patere,*
Res ipsa et sensus montes cum ascendimus altos.

Lucret., lib. VI.

M. de Buffon prétend que la condensation de l'air par le froid, dans les hautes régions de l'atmosphère, doit compenser la diminution de densité, produite par la diminution du poids incombant, et que par conséquent l'air doit être aussi dense sur les sommets froids des montagnes que dans les plaines : il paraît même certain que les vents sont plus violens sur les hautes éminences que dans les plaines, comme j'ai souvent eu l'occasion de m'en convaincre, surtout au Col des Moines, situé à l'extrémité méridionale de la vallée d'Ossau.

Ayant hasardé de franchir ce port, vers la fin de l'automne, j'y essuyai un ouragan terrible ; à cette élévation, le vent brûlant du midi qui promet une pluie bienfaisante à la terre qu'il dessèche, soufflait avec tant de force, qu'il fallait continuellement s'appuyer sur les rochers pour n'être pas renversé : ce ne fut qu'avec une peine extrême que je pénétrai jusqu'à l'hôpital de Ste.-Cristine, seul gîte que le voyageur trouve dans ces lieux déserts.

A tous ces détails, j'ajouterai que quelques années avant la révolution on ressentit, aux environs de Pau, un grand ouragan qui fit tomber, dans la métairie de Taillefer, située dans la commune de

Rontignon, plusieurs grosses boules de pierre à chaux, placées sur le mur qui formait l'enceinte de la cour de cette habitation.

Le 3 juillet 1823, on a observé, dans quelques localités de l'arrondissement d'Orthez, un phénomène remarquable.

On aperçut d'abord au S. O. de la commune d'Ozenx un nuage épais et très=obscur qui semblait menacer la contrée, de la grêle : le tonnerre se fit entendre avec fracas. Au même instant il s'éleva un tourbillon qui déracina plusieurs arbres et une grande quantité de pieds de vignes. Quelques maisons furent atteintes, et la toiture de deux granges enlevée.

Il sortait du sein de ce nuage une fumée très=épaisse qui faisait l'office d'une pompe aspirante, enlevant tout ce qui se rencontrait sur son passage, le faisant tourner avec une rapidité singulière et le jetant ensuite à perte de vue. Pendant tout le temps que l'on vit ce tourbillon, on entendit un bruit semblable à celui d'un canon de siége. Il enleva même l'eau d'un bassin qui se trouvait au centre du village et le mit pour quelques instans à sec.

On doit se féliciter de ce que personne n'a été blessé par la chute des objets enlevés.

Cette trombe disparut après une demi=heure environ. *Voyez le Mémorial Béarnais*, du 9 juillet 1823.

Ce que je viens de rapporter indique que la violence des vents se fait ressentir à différentes époques à la surface de la terre ; mais quelles sont celles où ce météore a causé de plus grands ravages ? Je l'ignore.

VII.

Glaces et Neiges.

Quant à l'augmentation des glaces et des neiges, j'ai vu les glaciers des Pyrénées ; aucune de mes recherches n'a eu pour objet de déterminer leur extension graduelle. Mais de bons observateurs rapportent que dans les Alpes les glaciers descendent assez souvent du sommet des montagnes et viennent couvrir de leurs débris les champs et les prés qui sont situés plus bas. On voit, au contraire, que dans les Pyrénées les glaciers sont fixés et n'envahissent point, par la chute de leurs neiges, les terrains cultivés. Mais les lavanges de celles-ci occasionnent quelquefois, dans les forêts et sur les flancs arides des montagnes, des dégats considérables. Je vais en rapporter plusieurs exemples.

Il tomba, dit M. Davezac-Macaya, sur les montagnes de la vallée de Barèges, au mois de janvier 1598, une si prodigieuse quantité de neiges, qu'entraînées par leur propre poids, elles se détachèrent des sommets voisins de Saligos ; et, roulant avec fracas, vinrent ensevelir le village sous leur masse : les habitans, qui avaient prévu à temps cette catastrophe, s'étaient réfugiés dans les villages environnans.

Les mêmes causes produisirent, le 10 février 1601, de plus grands désastres : les avalanches emportèrent les villages de Chèze et de Saint-Martin, et firent périr plus de cent personnes : les églises seules résistèrent au torrent destructeur et sauvèrent un grand nombre d'habitans qui étaient allés y chercher un asile. On s'occupa, dans la suite, de rebâtir Chèze ; mais St.-Martin demeura détruit. Des événemens semblables, mais moins désastreux, se renouvelèrent dans les années 1762 et 1787. *Essais historiques sur le Bigorre*, t. 2, p. 234.

J'ai vu les épouvantables ravages occasionnés par un semblable éboulement de neige pendant l'hiver de 1789, à la distance d'environ un quart de lieue nord de l'hôpital de Gabas, habitation située dans un vallon étroit et profond, où les brouillards épais, les neiges et les froids attristent l'homme une grande partie de l'année. La lavanche avait détruit un bois planté sur une montagne de la rive gauche du Gave : en même-temps que les arbres étaient abattus par cette masse énorme de neige, ils produisaient, au moyen de leurs racines les effets du levier : des rochers, au sein desquels elles avaient pénétré, furent ébranlés, soulevés, détachés et roulèrent confondus avec la lavanche jusqu'au fond d'un étroit vallon. Cette partie des Pyrénées présentait un aspect tellement hideux qu'elle semblait avoir été violemment ébranlée sur ses antiques fondemens. La pente de la montagne, où l'on trouvait avant ce désastre, une ombre impénétrable aux rayons du soleil, n'offrait plus qu'une affreuse nudité ; mais ce qui doit paraître encore plus étonnant que cet horrible désordre, c'est la violence du vent dont la lavanche était précédée ; cette grande agitation de l'air, occasionnée par la chute des neiges et comparable aux plus furieuses tempêtes, abattit de l'autre côté du Gave, une prodigieuse quantité de sapins, plantés des mains de la nature, peut-être n'excéderait-on pas le nombre des arbres renversés en les fixant à quatre cents.

C'est ainsi que selon le témoignage de M. Darcet fut rasée à Barèges, la maison de M. Ducos, chirurgien-major de ces eaux thermales ; des caisses pleines de meubles furent ouvertes par cette explosion et jettées dans les rues : on vit avec étonnement une partie des effets qu'elles contenaient, portés sur la montagne opposée, à plus de soixante pieds d'élévation. On observa que sa maison fut rasée, un espace de temps sensible, avant l'arrivée et le choc même de la masse des neiges.

A la fin de janvier 1801, deux hommes de la vallée d'Ustou dans le Couserans, passèrent chez moi, menant un ours âgé de huit mois, qu'ils avaient pris dans les montagnes de cette contrée, et auquel ils avaient appris différens exercices ; ils me dirent qu'à la suite des neiges tombées vers la fin de l'année 1800, des lavanges avaient renversé six maisons au village de Salo, et écrasé ou étouffé vingt-quatre personnes.

Voici ce qu'on lit dans le Mémorial Béarnais du 25 mars 1823 : On écrit de Tarbes que plusieurs maisons des eaux thermales de Barèges ont été englouties, il y a quelques jours, par des avalanches. Ces maisons sont abandonnées pendant l'hiver par les habitans ; ainsi on n'a à regretter que la valeur des meubles et des bâtimens qui est assez considérable.

Ces épouvantables phénomènes se forment de la manière suivante :

« Les premières neiges qui couvrent les monts » adhèrent à leur surface et deviennent solides » par la succession des dégels et des gélées. D'au-» tres neiges se déposent sur les anciennes sans » s'y attacher ; alors le poids est énorme : le » moindre souffle, la plus légère commotion suf-

» fit pour mettre en mouvement ces masses qui,
» une fois détachées, s'accroissent de tous les
» rochers qu'elles trouvent sur leur chemin,
» comblent les lits des torrens, et gagnent les
» pentes opposées par l'incalculable rapidité de
» leur chute. Les forêts, les maisons tombent
» avant d'être frappées ; tout est balayé même
» avant le choc, tout semble fuir devant la la-
» vange : terrible effet de l'air fortement compri-
» mé ! » *Itinéraire topographique et historique
des Hautes-Pyrénées*. P. 135.

Je viens d'exposer successivement les divers
et terribles fléaux dont j'ai acquis la connaissance
soit par mes propres observations dans les pays
situés au pied des Pyrénées ou par celles qui
m'ont été communiquées. En lisant cette liste,
quoique formée au hasard, sans nul dessein, et
à des époques éloignées communément les unes
des autres, on conçoit tout ce qu'il y aurait à
rapporter, si des observations météorologiques
sur ces funestes accidens eussent également été
suivies. Privé de cette connaissance, je pense
qu'on ne trouvera pas inutile que j'y supplée,
en quelque sorte, par le récit d'un grand nombre de funestes effets qui sont rapportés dans
l'ouvrage que M. Davezac-Macaya a mis au jour.
Voici comme il s'exprime :

« Un grand nombre d'accidens étranges de-
» vaient, à ce que prophétisaient les astrologues
» du temps, signaler l'année 1588, et boulever-
» ser la face du globe. (Leur pronostic, dit
» Péréfixe, fut secondé par quantité d'effroya-
» bles prodiges qui arrivèrent par toute l'Europe.)
» Des tremblemens de terre, des tempêtes horri-
» bles, des brouillards d'une densité jusqu'alors

» inconnue, des météores ignés de formes fantas-
» tiques, semblèrent en effet s'accorder avec les
» prédictions des savans. Le Bigorre eût aussi sa
» part de ces funestes phénomènes : les premiers
» mois de cette année fatale furent signalés à
» Bagnères par des froids excessifs, des pluies,
» des neiges, des grèles prodigieuses : les ani-
» maux domestiques troublaient par des cris lu-
» gubres le silence des nuits : une peste affreuse
» succéda à ces effrayans avertissemens : les ha-
» bitans aisés désertèrent leurs foyers pour éviter
» la contagion, qui n'eut plus à dévorer alors que
» le bas peuple ; mais rentrés trop tôt dans leurs
» demeures encore infectées, les Bagnèrais qui
» avaient échappé aux premiers ravages, furent
» les victimes d'une nouvelle épidémie qui se dé-
» veloppa l'année suivante, et dépeupla pres-
» qu'entièrement leur ville. » Tom. 2, p. 226.

Quoique les faits ci-dessus rapportés, soient
assez nombreux, je suis néanmoins très-éloigné
de croire qu'ils suffisent pour devoir être envisagés comme fondement d'un système quelconque.
On ne pourra hasarder aucune conjecture vraisemblable, qu'après une très-longue suite d'observations météorologiques, présentées dans un
tableau comparatif.

En mettant sous les yeux de l'administration
supérieure, celles qui sont insérées dans ce mémoire, je répète encore une fois, que c'est seulement pour leur offrir un témoignage de ma res-
pectueuse considération.

Mais ce que l'on peut regarder comme certain,
c'est qu'aucune partie de la France n'est plus
exposée que les départemens situés au pied des
Pyrénées, aux ravages des météores soit aqueux,

soit ignées, dont nous avons fait mention et aux-
quels on peut ajouter les gelées du printemps et
les brouillards de l'été, qui ne sont pas des fléaux
moins redoutables, et que, par ce motif, les habitans de cette contrée méritent d'être l'objet de
la sollicitude particulière du gouvernement. Quoique placés aux extrémités les plus reculées du
royaume, osons espérer qu'ils se ressentiront de
la bienfaisance d'un Monarque auquel tous les
Français sont également chers.

FIN.

TABLE DES MATIÈRES.

ADDITIONS ET CORRECTIONS.

Page 10, ligne 6, *ajoutez* : Enfin, M. de Charpentier qui possède de profondes connaissances dans l'histoire naturelle des minéraux, et qui vient de mettre au jour l'Essai sur la Constitution Géognostique des Pyrénées, ouvrage couronné par l'Institut Royal de France, a observé la continuité de cette bande, dans plusieurs endroits depuis Saint-Martory jusqu'aux environs d'Alet; ce qui comprend encore une vingtaine de lieues.

Pag. 44, lig. 2, fluvialites, *lisez* : fluviatiles.

— 49, — 30 et 31, bivaldes et univaldes, *lisez* : bivalves et univalves.

— 87, — 14, compagagnons, *lisez* : compagnons.

— 108, — 19, à l'orient, *lisez* : à l'ouest.

— 129, — 28, *ajoutez* : mais le récit de la reine Marguerite est exagéré.

— 132, — 4, où, *lisez* : on.